人生很短，你要做个有趣的人

王诗雨 著

中国华侨出版社
·北京·

图书在版编目（CIP）数据

人生很短，你要做个有趣的人 / 王诗雨著. -- 北京 :
中国华侨出版社, 2016.10
ISBN 978-7-5113-6392-3

Ⅰ. ①人… Ⅱ. ①王… Ⅲ. ①成功心理－通俗读物
Ⅳ. ①B848.4-49

中国版本图书馆CIP数据核字(2016)第247855号

● **人生很短，你要做个有趣的人**

著　　者 / 王诗雨
选题策划 / 马剑涛
责任编辑 / 高文喆
责任校对 / 孙　丽
装帧设计 / 末末美书
经　　销 / 新华书店
开　　本 / 880毫米×1230毫米　1/32　印张 / 8　字数 / 190千字
印　　刷 / 大厂回族自治县彩虹印刷有限公司
版　　次 / 2018年11月第1版　2018年11月第1次印刷
书　　号 / ISBN 978-7-5113-6392-3
定　　价 / 39.80元

中国华侨出版社　北京市朝阳区静安里26号通成达大厦3层　邮 编：100028
法律顾问：陈鹰律师事务所
编辑部：（010）64443056　传真：（010）64439708
发行部：（010）64443051
网　址：www.oveaschin.com
E-mail：oveaschin@sina.com

前言

PREFACE

要在自己能力范围内，去过“高配”的生活

“虽然这件衣服不是我喜欢的颜色，但是很便宜也挺百搭。”

“现在的工作单调又无聊，要不是公司离家近……”

……

每天我们都会听见这样的话，主基调都是当事人正在“将就”和“凑合”。成长和生活中总有着太多的“将就”和“凑合”，多数人总认为现在的一切最适合自己，不需要更多。而且长辈不都说“平平淡淡才是真”吗？

可是，因为“将就”本身意味着无奈和屈就，意味着当事人正在做着自己认为“不值得”的事，既然不值得，也就没意义，也就没有必要把这件事做好，做好了或许也是碰巧。于是跟这件事有

关的一切都不会被珍惜，结果糟糕的工作、虚伪的情爱、乏味的婚姻、无望的生活……不知不觉我们活成了一个“低配”的人生。

世间所有事都敌不过一个懒，懒得做，懒得改变，就会开始麻木，学会自我安慰。人生有太多的可能，你没试过其他可能，怎么会知道那些不是你想要的？其实很多事情在走过以后回头看并没有当初想象中那么艰难。

我们都还年轻，年轻就充满希望，年轻就是我们最大的资本。只要我们不荒废青春，未来就向我们敞开无限可能。千万别在应该拼搏的年纪选择稳定。世界上最大的不变是改变，只有每天进步，才能拥抱生命的无限可能。

努力的生活方式就是不对自己妥协，不做一个不断将就的人。当你还没有什么牵累，有时间可以尝试，那就多试一试，只要你不虚度年华，只要你不辜负时光，年轻便足以让你赢取你所渴望的未来。除此之外，任何的抱怨、不满、矫情，都不起任何作用。

没错，只要你内心的世界是敞开的，世界就会向你无限地敞开，就像只要你愿意，就完全可以轻松愉快地到达你向往的任何地方。

希望你的青春，有趣，不将就，没有遗憾。

目录

CONTENTS

PART8 \\\\\\ 你值得用一辈子过得更好

PART 01

别活成一个连自己都看不起的人

别卑微地低下头来，相信你所拥有的天赋，再配上你不懈地奋斗，一定会呈现出一种骄傲的姿态，向世界展示出那个独一无二的你。

人生前面越想省心，人生后面越不省心

每个人都向往安逸，然而，对年轻人而言安逸却可能是一个陷阱。某一天，你很可能会发现，你一直过的安逸生活其实是一条下坡路，你的要求已经很低了，却还是没有办法维持它的水准，因为这个时代的变化实在是太快了，在拥挤的潮流中，你不向前，就会退后。正如有一句名言所说："容易走的都是下坡路。"

的确，你眼里那些难走的路，通常是难走的，在这条向前、向上的路上，你会无数次受到打击，无数次想到退缩，还可能遭遇切肤之痛，但只有这样，你才能收获理想的状态。因为难走，你会调动所有的潜能，克服遇到的困难，你受了最多的苦，自然也是最直接的受益人。你要相信，你的潜能远远比你对自己的感觉靠谱。有句话不是说了："人只有在还有的选的情况下，才会

感到困惑和迷茫，如果只有一个选择，只能硬着头皮去做，反而没那么纠结。”

而“我不行”“我不能做”只是你让自己退回到舒适圈的借口。虽然你不可能样样都行，但我们所遇到的大多数选择与难题，都是可以靠后天的努力解决的。当你觉得自己做不好一件事时，不妨扪心自问，你有没有做梦都在想这件事。如果你连做梦都在想怎样把它做好，结果还是在及格线以下，你再认输也不迟。

* * * * *

一个新闻系学生问名专栏作家亚当斯：“据我所知，您在每个星期要写出五篇专栏的文章，您怎能有把握每个星期都能想出五项不同的新意见呢？”

亚当斯回答：“如果容易到有把握的程度，这份工作就没有兴趣了。正因为我每天早晨要苦心思索，所以我才会觉得自己不是白拿薪金。”

学生追问下去：“如果想不出意见呢？”

亚当斯干脆地说：“我就坐下来强迫自己动笔。”

有些人在遇到困惑和迷茫的时候，总是认为要先把迷茫解决，把所有问题想清楚了才能走下一步。其实很多时候，处理难题的办法，就是迎头解决难题。而且很多时候，我们一旦正视困难，就很可能发现它并非我们所想象的那样麻烦。

*　　*　　*　　*　　*

人生是苦，但面对困难和问题时，我们总是要去解决的，而你的选择无非两个，或是迅速面对，或是暂时逃避，但迟早有一天还得解决。所以，当你迷茫了，不知道该如何选择时，就选择难走的那条路吧。敢于选择难的那条路不但是勇气的表现，也是理智的权衡。

生活都是你自己的选择和你努力的结果，如果你选择了容易走的那条路，那么你也只配拥有目前你所拥有的一切，因为你连苦都不想吃，还有什么可以抱怨的？就像王小波在《青铜时代》中说的："永不妥协就是拒绝命运的安排，直到它回心转意，拿出我能接受的东西来。"

所以，当你面对困境的时候，先解决最难的问题吧，最难的解决了，剩下的就好做了，它足以给你信心与愉悦的心情。就像找工作这件事，你可以选择朝九晚五的工作，也可以选择有挑战性的工作，只要你的内心感到满足，喜欢和认可这份工作，选完了之后，也不去后悔，那就投入激情和努力，最怕的就是，一切都是你自己选择的，最后却还在抱怨。

你不是患者，但却得了拖延的病

随便打开一个平台，类似“两周瘦10公斤”“21天练出马甲线”的“速成大法”简直就是满天飞，这些“大法”好像传递着一个信息：好身材是唾手可得的，花不了你多少时间。于是很多人照做，两三周后坐等结果，可是腿没有细，马甲线没有出现，然后就没有然后了。

你有没有特别想做某件事，却一直迟迟没有开始？比如，跑步、瑜伽、旅游、开家小店，甚至养成某个好习惯……虽然有的心愿已经在你胸口压了好几年，也并不需要花费昂贵的时间成本或金钱成本，然而它始终只是心愿或者梦想，你有没有想过到底是为什么？

*　*　*　*　*

老赵单位有两个同事是名副其实的健身爱好者，风雨无阻，周围几个同事在这两位的刺激下，也一直想加入健身大军，只是因为这样那样的理由而迟迟没有开始，要么是一个人懒得办健身卡，要么是健身场所离单位太远、不方便。巧的是，老赵单位楼下新开了一家健身房，开业优惠酬宾，办一年赠半年。

其中两位同事觉得是时候开始自己的健身生涯了，健身房就在单位楼下，只要高兴，中午休息都可以去运动一会儿，就毫不犹豫地办了卡。有一位还信誓旦旦地说："我要每天去健身。"自此人生应当不一样了吧？只要开始健身，不但可以练出好身材，还可以变得更健康、更阳光，简直是正能量满满的活法。可是，时隔一年后，据老赵说，其中一位一共去了五次健身房，而且包括办卡那次，另一位，一次都没去过。

你肯定会非常惊讶，健身房不就在单位楼下吗？为什么连一次都没去呢？不少人在开始健身之前总会先来一番心理建设，另外，还需要个启动仪式，买好漂亮的衣服，做个完美的计划，找到互相监督的伙伴，躲开加班，避开生理期，等等，结果等到身材走样了，健康亮红灯了，还是迟迟没有进展。报了吉他班，一共才上了几节课；报了日语课，压根儿没学几次；想好好跑步，买了双高档跑鞋，跑了两三次，就被束之高阁。

其实，有没有健身并养成习惯，与你是不是办了健身卡和健身房离你家的远近，真的一点儿关系都没有。那么，是懒，还是没毅力？抑或是懒加没毅力呢？很多时候，我们想要放弃的理由实在是太多了，没时间、没心情、没人陪，而这些理由的滋生速度又特别快，远快过健身回报给我们各种好处的速度。所以，当奖励不够快、不够大时，我们很容易就放弃。

可以说，在健身的路上，有两件事儿特别难，一个是开始，一个是坚持。而无数人却被拖延症所误，始终无法迈出第一步，更无法坚持下去。逃避问题虽然会让你暂时过得比较安逸，但是却会把你拖入更大的焦虑和痛苦之中。

* * * * *

再讲个正面的例子。

有位男子，年轻、帅气、修养好，然而天妒英才，二十几岁时不幸遭遇一场车祸，失去了一条腿，可是这位男子在身体恢复好了以后却游遍了数十个国家。他说以前就一直喜欢旅游，总觉得时间有的是，随时都可以去，结果并没去过几个地方，然而直到失去了一条腿后，他才不再拖延，毅然拖着另一条腿上路。随时可以去，他却一直没去，恰恰是没腿之后，去的地方才更多更远。

听了这个故事，是不是有种无地自容的羞愧？在你身上那些想做而没有做的事情，除了可以证明你是个懒惰鬼之外，什么也证明不了。

*　*　*　*　*

如果你真的很想做一件事情，那就痛快地列出一个详细的计划。比如，你想去江南转一转，可以先查查驴友的旅游攻略，一旦时机成熟，尽管拿起背包出发。执行力越差的人，越需要一个这样的计划。

当然，做这件事情之前，你得先发自内心地问问自己：这件事情，我到底是想还是不想？比如，看到别人在朋友圈天天发一张自己做的早餐，垂涎欲滴到跃跃欲试时，别忘了，人家做这顿美味的早餐之前可是做了不少功课，准备各种食材不说，还得起个大早，即使开了油烟机，也会烟熏火燎。所以不妨找那些你“羡慕的人”聊一聊，如果无法接受付出辛苦的一面，那就抛除妄念吧。

也许你的借口又来了：“一大堆待办的事情就放在眼前，心里急死了，啥时候才能完成呢？还不如看看电视、刷刷微博舒服。”如果你把一件事情想象得很难，结果就会越想越难。比如减肥，有的人一想就是两三年，却一直没有行动，总觉这事儿不是一朝一夕可以完成的，结果越想越难。其实，只要坚持足够的运动量，练出好身材、好身体是不成问题的。很多事情如果不是亲自去尝试，只会觉得太难太难，然而事实证明，它比想象中简单好多。再说健身让我们的身体和意志都变得如此精良时，我们还有什么理由不去坚持呢？

面对一件让人退缩的事情，无论你心里有多么不情愿，无论你心中有多少畏难情绪，都请直接面对问题。如果实在无法鼓起勇气去面对，那就告诉自己先坚持十分钟试试，如果仍然坚持不下去再放弃。而真实的情况往往是，一旦开启了新的状态，就很容易越干越带劲，根本停不下来。

你还没真的努力过，就轻易输给了懒惰

在我们身边有这样一些人，他们总喜欢给自己定一个巨大无比的目标。没错，人有远大的梦想是件很不错的事，但是这些人在定目标的时候还另外给自己铺了一条懦弱的退路——“既然目标那么高，没实现也不会有人怪我吧？”然后边喊苦喊累边拖拖沓沓，目标就这么随随便便地放弃了。可是当你问起他们的时候，他们又会找出各种冠冕堂皇的借口，却始终无力承认自己的懒惰。

也有这样一些人整天埋怨说：“我努力挣钱有什么用？再怎么努力也比不上含着金钥匙出生的富二代。”怀着这种说辞的人对自己的生活往往并不满意，但是又不愿意直面惨淡的人生。见别人辛苦工作获得晋升，就觉得对方肯定送礼拍了马屁，浑然忘了自己工作起来是如何地推三阻四、迟到早退。见别人奔波受苦、熬夜苦读，就心满意足于自己的安享平淡，然而，那些你以为轻而易举的事，哪一样不得费尽心思拼了命去奋斗？其实这些都是懒惰者的说辞。

*　　*　　*　　*　　*

在现实生活中，我们每个人都有懒惰的时候。明知道锻炼身体很重要，还是懒得行动，整晚坐在沙发上做手指运动：刷手机、按遥控器。许多人的新年计划都很意气风发：早睡早起、不拖拉、戒烟……但不久就发现，只是又一次美好的愿望。

多数人天生是懒惰的，一旦开始遇事推托，就很容易再次拖延，直到变成一种根深蒂固的习惯。虽说一部分人有着宏大的目标，但也缺乏执行的勇气。懒惰最具破坏性，也是最危险的恶习，它使人丧失进取心。习惯性的懒惰者更是制造借口与托词的专家，他们常常把“事情太困难、太昂贵、太花时间”等种种理由说得合情合理。

翻开治愈系书籍，我们经常会看到这么一种理念——人生不是一场比赛，你犯不着跑那么快，那么急着赶路，而错过了沿途的风景，人生，重要的是过程，不是结果。可是，你知道吗？这些话都是说给失败者听的，只是一种安慰，仅此而已。

*　　*　　*　　*　　*

人生，怎么可能不是一场比赛？为什么乔布斯创办了苹果公司而不是你？为什么阿里巴巴的创始人是马云而不是你？很简单，他们都是人生这场比赛的优胜者，早早地就跑到了你的前面，而你还在踩着自己的影子诗意漫步。

人生说白了就是一场优胜劣汰的比赛，而你什么都没干，就什么都想放弃，你以为一动不动活得像个雕塑，就可以赢得掌声吗？谁都知道懒散很舒服，年轻的时候，你大可随着性子舒服，可是当你年老的时候，当大家都捧着一杯清茶晒太阳，或许，你还在为自己的一日三餐而忙碌。懒惰即意味着你放弃了对生活的掌控。而那时，时光终会给你一记响亮的耳光。

其实，最关键的因素还在于自身。如果你存心懒惰，自然能找出成千上万个理由来辩解为什么事情无法完成，而对事情应该完成的理由却想得少之又少。虽说许多人也深知懒惰的危害，但依然在浑浑噩噩中得过且过，许多本来可以做到的事，都因为一次又一次的懒惰拖延而错过了成功的机会。没有行动，懒惰就会生根发芽。时间越长，根就越深，到时候想站起来就是件很困难的事了。

*　　*　　*　　*　　*

那么，聪明的人又是怎么做的呢？他们会在下班后去健身、跑步，学一门乐器，学一些技能上的拓展，他们会在周末去图书馆看书，了解最新潮的高科技，了解自己行业的最新信息。一份工作，他们能踏踏实实做个好几年，但与别人不同的是，他们一直在学习，在进步，技能越来越纯熟，眼界也越来越开阔。

而那些浮躁的人在短时受了某种刺激后，猛然有一天，就会幡然醒悟一次，“啊，这么久了，我竟然没什么作为，也没有什么进步。”然后下各种决心，可是等热度过了，又会回到原来的生活轨迹。如此循环，他们的生活并无太大的变化，却一直在抱怨中活着。

人生所有的遗憾，都源自你的懒惰。今天的成功，取决于你昨天的努力。今天的失败，完全是因为你昨天的懒惰。可以说，世间所有事都敌不过一个懒。如果一个人能够克服人性中的懒惰，这个人是很可怕的，意思是说，他基本上可以成就任何事情。因为，一个从骨子里不懒惰的人，更愿意去尝试任何方法，在行动上也比别人积极。而成就一件事，不管你想得多好，不就是需要行动吗？在相同的条件下，行动多的人，自然机会也就多很多。

你本可以选择
相信自己，却偏偏征求别人的意见

很多时候，我们每个人总是习惯于听从别人的安排，遇到问题也总是直接从别人那里获得帮助，可是，别人的建议只属于友情提示，你才是自己人生的真正导演。

* * * * *

一位年轻的文学爱好者苦心撰写了一篇小说，请作家点评。因为作家的眼疾犯了，年轻人便将作品读给他听。读到最后一个字时，年轻人停了一下。作家问他："结束了吗？"

年轻人听了，闪电般地揣摩起这句话：听作家的语气，似乎是意犹未尽，还在渴望下文？于是，他的激情瞬间被煽起，立刻灵感喷发，说道："没有啊，下部分更精彩。"之后，他以自己都难以置信的构思叙述下去。

当年轻人读到另一个段落时，作家又似乎难以割舍地问：“结束了吗？”年轻人心里琢磨着：作家一定觉得这部小说实在是太勾人魂魄了，简直叫人欲罢不能。于是，他的创作激情再次被点燃，不可遏止地一而再，再而三地接续、接续……最后，电话铃声骤然响起，打断了年轻人的思绪。

电话是找作家的，看样子很急迫，作家匆匆准备出门，并对年轻人说：“其实，你的小说早该收笔，在我第一次询问你是否结束的时候，就应该结束。何必画蛇添足？果断可是当作家的根本，否则拖泥带水，怎么去打动读者呢？”

听了这番话，年轻人追悔莫及，觉得自己的性格就是过于受外界左右，恐怕不是当作家的料。不久后，这位年轻人又遇到了另一位作家，当他羞愧地谈及这段往事时，谁知作家惊呼道：“你的反应如此迅捷，思维如此敏锐，编造故事的能力又如此强，这些正是成为作家的天赋呀！我相信，你的作品一定会脱颖而出的。”

人这一生，有着不同的机会，会接触到形形色色的人，他们的言行难免会影响到我们的自我判断。而遇事没有主见的人，就像墙头草，没有自己的原则和立场，不知道自己能干什么，会干什么。虽说凡事都很难有一个统一的定论，谁的意见都可以参考，但是永远也不能代替你自己的主见。更何况我们在听从他人的同时其实也是一种自我的丧失。

*　　*　　*　　*　　*

每个人从呱呱坠地的那一刻起，都是带着人类与生俱来的、最伟大的智慧而来，然而慢慢长大后，种种“教化”却让我们忘却了那些智慧，反倒学会了用所学的“知识”否定自己看到的事实。久而久之，外界的规则、他人的标准取代了我们的本能，成为测度自己的新标尺，遇到问题时，也不习惯自己寻找解决的办法。

其实，只有你自己能对自己的命运负责，自己的命运需要自己抉择。如果去问别人，这么做好还是那么做好，这个答案是不靠谱的，也是没有意义的。因为主见好比是一位导师，可以为站在人生十字路口和关键时刻的你指点迷津。当然，你觉得选择这个好，你就要对自己的选择负责，这就叫“愿赌服输”。

*　　*　　*　　*　　*

生活中，很多人总是一味地从众，不能看清自己的状况，不去考虑做的事情本身是否正确，缺乏自己的判断和主见，结果让别人牵着自己的鼻子走。事实上，一个人要有主见，具备判断是非的能力，才不会被别人的意见所左右。正如爱因斯坦曾说过的："学会独立思考和独立判断比获得知识更重要。不下决心培养思考习惯的人，便失去了生活的最大乐趣。"

人这一生，总有一些事情需要自己做，甚至连至亲的人也无法替代，更不能替代。所以，追随你的热情、你的心灵，不要活在别人的舆论中，靠自己的脚走路，自己的脑袋思考。总有一天，这将打开你心灵的枷锁，让你重新做回真正的自己，那个简单而强大的自己。

别再拿命运不公说事了，只是你自己太弱

有个小伙子，人不错，什么都挺好，就是特别喜欢抱怨。无论走在路上，还是见客户，或是去哪里玩，只要有他在场，就少不了抱怨，仿佛他去了哪儿，哪儿都不顺心，哪儿都会遇到一群人渣。小伙子最爱的论调就是怀才不遇，说起工作，他都会跺脚骂娘。不是领导有目无珠，就是同事抢他风头，毕业几年，换了好几份工作，也没找到适合他的。而他总挂在嘴边的话仍然是，不是自己不行，是周围人总是排挤打压他。

有个年轻姑娘，恋爱经验丰富，坦白地讲不如说是分手经验丰富。每次分手后姑娘都要把前任数落个狗血淋头，不上进、不爱干净、不懂浪漫、控制欲强，列举一堆，说到底，都是对方的一百个不是，她最爱说的就是“要不是这些前任把我耽误了，现在早就嫁人生子了”。似乎她的惨痛史可以哭给全中国十好几亿

人听。

我们一定听过很多人说自己活得多委屈、苦恼、烦闷，自己的人生哪儿哪儿都是坑，仿佛整个世界都负了他们。他们最爱在生活中倾情出演受害者、弱者这类苦情角色，又常常入戏太深。自己的工资不高，是因为这个行业的整体工资水平就低；自己没晋升，同事升了，还不是因为同事托了关系；谈个恋爱吵吵分分从没消停过，一味责怪男（女）朋友不上进。在这类人的眼里，好像所有人生下来的使命都是给他们使绊子，好像全世界都与他们为敌。过得不好，永远都是别人的错。

如果一个人总是怀揣着这种受害者的心态，就会逐渐扩大自己所遭受的不公平，让自己真正成为一个受害者，迷失在抱怨和自怜的恐惧中。生活已经够艰难了，大家都本能地想要听到振奋人心的好消息。只是一味地吐苦水，估计谁都不会再有耐心听下去了。虽然郁闷的时候需要找人倾诉，但倾诉太多负能量谁都扛不住，而你可能也成不了什么大事。

一个人在他年轻的时候，难免有困惑，难免有抱怨，但是你说的苦根本不叫苦，因为你有选择的机会，有失败的资本。老了以后吃的苦才真叫苦，比如你到了60岁，贫病交加，这才是真苦。更何况你觉得那些看上去很好的人，他们的生活就一定没什么迷茫和烦恼的事吗？他们天生注定就是幸运儿吗？事实上，每个人都是一样的，只是别人的苦没说出来，没让你看到罢了。

* * * * *

有这么一个名人，他的本职工作是广告公司总监，作品曾多次获得过克里奥大奖，不仅如此，他还是一名电台主播、写手、心理催眠师、心理咨询师。你可能觉得不可思议，这样的人无非是自我吹嘘，但你不知道，他从没有半夜三点之前睡过觉，他几乎日日更新自己的文学作品，一更就是大几千字。然而，他却从没有跟别人说过自己多么辛苦，也没有跟别人说过周围人谁不好。

你可能会说，这样的生活太拼了，压根儿就不是你想要的，而且这种活法对身体也不好，但这就是这种人的梦想。我们可以猜想一下，这样的人也一定都经历过那些让人消极、倦怠、心里不爽的人和事，但是他们却没有把抱怨当口号一样喊，我们只看到了他们多年积累的作品逐渐被众人所知。

* * * * *

如果你还有一点点上进心，有自己的追求，那就请从现在开始为自己的生命负责，别让你的青春浸泡在抱怨和倾诉中。靠关系上位的同事，是不是确实有一些你不具备的能力？女友弃你而去真的是因为她嫌贫爱富，还是因为对你的不求上进感到失望？

如果你不能尝试用这些新的思维填满你的头脑，那么你的抱怨永远不会停止。如果你不再纠缠这些问题了，并且找到解决这些问题的办法，就不会陷入受害心理的囚笼，并且朝着连自己都能被感动的日子迈进。

人的一生真的很短，但是把一件事情放在一生里，时间还有很长。如果可以，不妨试着把一些事情放在更长的时间维度里去审视。在等待破茧而出的日子里，不要着急，不要沮丧，而你所有的坚持和努力，都会在自己的成长中刻下印记。无论结果是什么，我们终将成为更优秀的自己。

不要轻易给自己下结论

我们会经常性地听到身边的朋友说，觉得自己什么都不擅长，什么都不会，不知道以后能做什么。说完眉头一皱，抬头45度望天，一副对未来很担心的样子。

* * * * *

V姑娘是一个刚毕业的实习生，性格开朗，大方得体，大学时经常参加一些轻松有趣的社团活动，学习成绩不错，人缘也不错。但是当她从优渥的大学环境来到自力更生的职场生活后，不是和同事相处不和谐，就是工作跟不上，自然得不到领导的赏识，渐渐地，V姑娘开始质疑自己的一切。

最终，就在她收到辞退信的那一天，更加觉得生无可恋，于是便起了轻生的念头。幸而在现场人员的尽力挽救之下，她并没有出多大的事。

在身边总是不乏这样的人，他们整日闷闷不乐，觉得自己的生活没有意思，觉得自己什么都做不好，甚至连养活自己都很困难。于是他们开始往消极的方向挪步，并且越走越远，越来越偏离青葱岁月里的豪情壮志。

类似V姑娘这样的人，总是不在少数。

* * * * *

小Z最近常常叹气说完不成领导布置的任务，虽然自己各方面都懂一点，但却没有优势长处可言，她觉得自己很没用，什么事情都做不好。她甚至开始担心自己到底能不能在这社会上立足。因为这样的怀疑，以致她最近都没什么食欲，整个人看起来病怏怏的。

比她略大几岁的一位邻居大姐，劝她多补一些维生素C。没想到小Z一看到她就哭了，完全是小女生那种无助的哭泣。

大姐是个热心肠，小姑娘们有什么烦心事总喜欢跟她倾诉。得知小Z的情况后，大姐说，你不妨试着在一张空白纸上列一下自己的优点和缺点。

小Z摆出一副苦瓜脸，自叹就是一条咸鱼，哪儿还有什么优点。

大姐却二话不说拿起手边的两张纸，一张递给她，说："来，你来写自己的缺点。"一张留给自己，"我来给你补优点。"

十几分钟之后，小Z的纸上写着"拖延、没有主见、乱花钱、不爱运动、身体虚弱……"林林总总，足有12条缺点，堆积起来就是一个完完全全的失败人生啊。

而大姐这边却写了二十几条的优点："细心温柔、待人真诚、爱笑、爱干净、房间整理得好、蛋炒饭做得好吃、敢一个人到外地打拼、皮肤好、化妆技术一流、穿衣品位好……"

当小Z看到大姐手里的那张纸的一瞬间简直惊呆了，她从来没有意识到自己居然会有优点，而且优点比缺点还要多。

有些事情你越想就会越陷越深，越觉得自己一无是处。这是因为你把注意力都放在你的缺点上了，你想到的是什么，你看到的就会是什么。很多姑娘在描述自己时，最先想到的往往是自己脸上的雀斑、痘痘，还有皱纹。而周围熟悉她们的人却认为她们五官清秀，根本没有聚焦在她们的这些细微缺陷上。其实有时候你不必为自己的这些外在缺点太纠结，在别人眼里或许那都是不值一提的"点缀"罢了。

*　*　*　*　*

很多时候，我们常常是看着别人的风景却不懂欣赏自己的美丽。当一个人把自己的缺点无限放大，自然看不到自己的价值所在，也就苦恼得不能自拔。而一个自己都看不到自己魅力的人，别人怎么能欣赏你呢？其实自己眼中的自己，和他人眼中的自己总是有着差别的。你觉得自己不学无术，一无是处，在别人眼里你也有自己的闪光点，有可圈可点的可取之处。

其实人都是在历练中慢慢成熟的。经历得多了，心就坚强了，路就踏实了。你现在的付出，都会是一种沉淀，它们会默默铺路，只为让你成为更好的自己。只有学会欣赏自己，才会发现属于自己的美。所以，在最好的年华里，千万不要辜负最美的自己。记住，每个人，都有自己的了不起。你的优秀，不需要任何人来证明。

累，是因为你能力不够，想要的又太多

小艾是个自尊心很强的女孩，从小就是那种“别人家的孩子”，学习成绩好，长得漂亮，只要有小艾在，总会遮住其他女生的光芒。高中毕业后，小艾去了上海一所大学读书。那时她已经是学生会主席，踌躇满志，跟同学聊天，也是畅谈自己的宏图大略，说一定要在上海闯出一片属于自己的天地。

小艾属于那种不甘心的人，她说她要做尖子生，要拿奖学金；她说她要在上海立足，要做事业上的女强人；她说她要靠自己闯下一片天，这样才不会辜负别人对她的期望。所以她越来越忙着学习、参赛。

毕业后，昔日同窗久未联系，大家一直以为她在为自己的未来打拼。后来，才知道她又回到了最初的地方。闺密忍不住问小艾：“是什么消磨了你的斗志？”她却闷闷不乐地说：“上海生活太累，压力太大。每天上下班要挤地铁，一个月的工资还不够买一平方米的房子，还要加班加点争业绩……"

可是，就算离开了上海，没有了生活压力，小艾依旧闷闷不乐。因为她面临一个两难的选择，一方面想要逃离那种压力，另一方面又怀念那里的繁华。有天晚上她做了一个梦，梦到自己在外滩看夜景，好像又重新回到了刚去上海时的那段时光。

生活真的很吝啬，很少给人以两全其美，有得到就会有失去。小艾之所以会闷闷不乐，是因为她想得太多。可又担心做了决定后，万一得到的不是自己想要的，又不舍得放弃另外一个，所以才会挣扎，才会迷茫。

* * * * *

很多时候，我们就是因为想要的太多，却又没有得到，所以才会心有不甘。当你希望在繁华的不夜城过着舒适的生活，却又不愿竭尽全力去拼搏时，自然离想要的生活渐行渐远。我们当中的很多人常常是一边羡慕别人丰富多彩的生活，一边又自怨自艾，却从未真正想过为什么自己会成为现在的样子，以及如何改变现状。

生活不会什么都给你，特别是你一点功夫都不想下的时候。世上没有白享的福，也没有白吃的苦，只有没下够的功夫与没坚持下去的勇气。而功夫下到了什么地方，努力放在了什么地方，都是可以直接看得见的。别总是问生活给了你什么，而要问问自己付出过什么。

*　　*　　*　　*　　*

当然，也有很多刚步入社会的年轻人觉得自己好忙好累，需要社交、需要长见识、需要放松、需要吃好喝好，还需要工作好、赚钱多，爱好还得丰富点，这样的日子时间明显不够用，这该怎么办？又该如何平衡呢？其实，根本没法平衡，无论是谁都平衡不了，因为你想要的太多了。

贪心是件很可怕的事情，它会让你的欲望像泡了水的海绵，变得又沉又重，以至于你无法掂清它真正的重量。好多时候人要明白自己的位置，记住自己的梦想与坚持。很多人之所以过得很幸福，只是因为他们明白自己想要的是什么，同时也找准了自己的位置。

生活就是这样，上帝准备好过完一辈子才让你得到的事情，不可能积攒到30岁以前都给了你，如果真有这事儿，那么后面一定没什么好事儿还能等着你了。

你所谓的奋斗不过是用来感动自己的

在我们身边一定不缺这种人，他们经常自诩自己多么的辛苦、多么的不容易，这种人好像生怕别人不知道似的，如果别人没有给予赞美和同情，又会感觉全世界就他最苦、最累、最委屈。

比如，去图书馆学习，先装模作样在朋友圈打卡，拍张笔记本封面，再配一句鸡汤味十足的点评，然后坐等点赞。但他哪里投入了？全程一直不断地翻手机，或者频繁接水、发呆，根本没把心思放到学习上。

比如，去实习，做的其实是很简单的工作，但老是跟朋友抱怨每个月一千多的工资多难拿，搞得自己苦极了，活生生一个自强不息的主角。

这种人常常爱说自己已经很努力了，每天花多少个小时做工作，熬夜看书看到天亮，多久没有出去玩，多久没有放松。可以说，他们的努力，简直都快把他们自己给感动惨了。

“努力累吗？实话实说。”“当然累啊。”可是听起来好像挺苦的故事背后，真相又是怎样的呢？这种人做事根本没有怎么投入，但总要先宣告全世界“我很努力”，等不及要听别人的夸赞。

*　　*　　*　　*　　*

这真是一个浮躁的年代。很多人总想武装出一副刀枪不入、越挫越勇的劲头，可心底里又特别怕苦，特别想绕过苦，直接尝甜头。他们遇到挫折或失败的打击时，一方面急切地想获得外来的赞同和认可，另一方面又极易陷入自我感动和自我同情。可是，别人对你的认同和同情，除了能带给你一点心理安慰之外，又能改变什么？如果你总是寄希望于他人能同情自己或伸出援手，只会让自己变成懦夫，失去奋斗的动力。

真正的努力，不是让你通宵一夜把一周的工作做完，不是让你一个月减多少斤，也不是因为你的拖延导致最后一刻的效率飙高。真正的努力来源于一个人的内心深处，就是对那些无法即刻获得回报的事情，依然能够保持十年如一日的热情与专注。

这种人就是岁月中越变越好的那种人，他们一旦选择了一个正确的方向，就会以一种正确的、智慧的方式缓慢但平和地前进着，他们所有的付出不是给别人看的，而是为了自己内心真正的追求。而这些有价值的付出，也一点一滴变成了他们真正的能力。

很赤裸裸，对吗？但这就是现实，这个社会只想看结果，过程只能留给自己。永远不要同情你自己，只有积极地去反省和总结失败的原因，对自己进行鞭策和批判，才会走出懦弱的心理陷阱。就像卡尔维诺说的："这些年我一直提醒自己一件事情，千万不要自己感动自己。人难免天生有自怜的情绪，唯有时刻保持清醒，才能看清真正的价值在哪里。我们每人都有别人不知道的创伤，我们战斗就是为了摆脱这个创伤。"

* * * * *

奋斗不是吃了点苦或受了点委屈，就整天嚷嚷着"为什么我活得这么苦这么累，却得不到别人的认可与同情？"如果你没有尝试过，就不该说做不到；如果你没有真正努力过，也不该陷入自我同情与自我感动。人最怕的就是从不踏踏实实地努力，受一点伤就要喊痛，流一点血就要惊天动地。不自知亦不努力，不努力却又不满足。

反而是那些真正要去远方的人，会一言不发地、隐忍地拨开通往远方的路上必经的荆棘丛，而不是每天拎着吃过的苦，四处讨掌声。生命有它自己的蛰伏期，静下心来努力，比发朋友圈求赞重要，比自我感动重要，比娇滴滴地喊痛重要。

一个人能否成功，往往取决于他能否战胜自己的软弱，而不是给自己理由，让自己倒在地上爬行。人一生中，最难做到也是最有意义的事莫过于，当你认识到自己是一个凡人的时候，还能去努力奋斗，有能力选择自己想要过的生活。

PART 02

那些不普通的人，是在认清生活的真相以后，依然能够热爱生活，有幸福生活的决心。你想要的一切，从来都需要靠你自己去争取。

我不普通的唯一原因，是没有人用普通的眼光看自己

长大的标志，是学会独立决定自己的人生

不知道你有没有这样的感觉，自己辛辛苦苦一整天、一整年，生活还是没有什么更好的转变。有时候，收入勉强可以让自己在这个城市里体面地活着，但有时候也并不那么体面。更重要的是，你的收入完全赶不上通货膨胀的速度，更别说跟得上房价的攀升。

有这种感觉的人并不是三两个，而是很多，字字句句都说得很具体而真实，所以我们无法反驳。然而，心里万种复杂，很是压抑的同时，我们还是要弄清楚一件事，有时候，是选择决定了你的一生，而不是努力。

每天我们都在做各种各样的选择，做什么，不做什么，其实就是一种选择。从某种意义上讲，我们最终会成为一个什么样的人，过上怎样的生活，决定权完全在我们自己手里。起床后，你

可以选择吃早餐或是不吃早餐；课堂上，你可以选择不听课或者缄口不言，也可以选择认真听教师讲解，和同学们热烈地讨论；工作中，你可以选择主动认真地完成任何一项工作，把工作看成你的事业，当然你也可以选择消极被动地去做事，把你的工作当作挣钱的筹码；生活中，你可以选择与人为善，也可以选择与人为恶。如此种种。可以说，每时每刻我们都在做这样或那样的决定，你可以漫不经心，也可以独具匠心，然而，恰恰是这些累计起来的成千上万的小选择，决定了最终我们是个什么样的人，会过上怎样的生活。

* * * * *

S姑娘毕业后在老家工作，每天的主要工作就是给领导端茶倒水，偶尔做做笔录，终日懒懒散散。她有自己喜欢的男生，但是那个男生在深圳工作。

一年的圣诞节前后，S姑娘的闺密收到了这个男生结婚的消息，跟他结婚的女生是另一个人，这位闺密只是在朋友圈里看见过那个女生，她长得漂亮大方，笑起来很美，而且她也在深圳工作。

闺密的第一反应就是去翻翻S姑娘的朋友圈，想看看会不会受到什么刺激。果然，她发了一句话，如果当年我做出了另外的选择——冒险，生活会不会是另外一个样子？

闺密心想，此时S姑娘的心里一定有万千遗憾，万千说不明道不清的纠结。S姑娘喜欢这个男生很多年，却从来不表明、不戳破，男生自己也知道。只是男生毕业后就直接去日本留学了，之后回到深圳工作，租房挤地铁，不同的是，那个女生，也就是他的未婚妻，一路陪着他这么熬过来了。

我们不敢说，如果当年是S姑娘先表白，再跟男生顺利恋爱，毕业后开启异国恋的模式，然后在同一个城市发展，这其中的每一个步骤是不是缺一不可，但可以肯定的是，不仅仅是爱情这件事，对于所有的人生选择，即使一开始会决定我们人生的走向，但是别忘了选择之后，还有千山万水的路要走。对S姑娘来说，如果她屈服命运的安排，剩下的可能就是在和时间做斗争的一种庸常人生。

* * * * *

其实，我们每个人都是投资者。年轻时投下自己的一生，在周边寻找事业及婚姻伙伴。是这个选择决定了你的一生，而不是你的努力。而人生更是一场冒险，只不过有些人走得大胆一些，有些人心存顾虑，步子就迈得小一些，甚至有一些刚受到波折没几日就觉得江湖太险恶了，于是，做出这样的选择：“我还是回山洞里吧，安全舒服，不会出事。”

而那些内心强大的人，他们之所以愿意努力，要的就是一份有得选，而不是仅仅无可奈何的生活。对于很多想逃离看不到希望的家乡小镇，但是又害怕自己在大地方混不出日子，没有资格说自己选择的这条路就是正确的人来说，常常害怕自己会让父母失望，让亲人失望，让那些老家里以自己为榜样的小孩子失望，这种感觉每隔一段时间就会冒出来，噬食着他们本就摇摆不定的心情，然而就在一夜夜的失眠中，有的人开始醒悟了，觉得自己不是为了一定要功成名就或者衣锦还乡，而是一直在做一件事情，就是对抗。跟这庸庸碌碌的生活对抗，跟一眼望得到头的人生对抗。

很多人之所以减肥，之所以让自己变美变好，之所以愿意拿自己有的能力去换取薪水、资源，之所以愿意珍惜一个有意思的朋友……说真的，这一切不一定都是绝对会有收获，但是生命的丰富程度会让你在一定程度上，减轻对生命长短担忧这件事。你的人生，取决于你的选择。如果你不满意现状，那就有必要好好审视一下你的人生观念。努力让自己成为所希望的人，才会做出更理想的选择。

在输得起的年纪，只管向前奔跑

某知名杂志曾刊登过这样一篇文章——《我奋斗了18年才和你坐在一起喝咖啡》。作者说：“比较我们的成长历程，你会发现，为了一些在你看来唾手可得的东西，我却需要付出巨大的努力。”

为了改变命运，能够去大城市读书，逢年过节他都会站在路灯下默默地做题。收到录取通知书的那一天，家人为了支付高昂的学费东拼西凑，他就决心一定要努力拿奖学金，业余时间还拼命打工，毕业后还把工资的一部分寄给弟妹供他们读书，剩下的只能勉强应付自己的日常开销。这一路一走就是18年，他才融进北京这个国际化大都市中，和周围的白领朋友坐下来一起喝咖啡。

也许有人会说：“18年啊，这么辛苦地活着，值吗？现如今做个农民也没什么不好啊！”也许有人会说：“我也明明知道理想与现实存在很大的差距，并且为此努力了，可我仍然买不起奢侈品，住不起度假区的海景房，甚至可以预见，第二天一早，还是要挤公交地铁，让自己淹没在柴米油盐中。”

*　　*　　*　　*　　*

在别人登顶巅峰的时刻，我们常常习惯于惊羡他人绽放出的万丈光芒，却不能尝试将目光移到他人的身后，探寻他人来时的方向。或许，对于这位农村学生而言，这十几年他付出的代价不只是一杯咖啡的收获，令人心酸的辛苦背后，更让他一点点地认清自己的能力、自己的极限，究竟能成为什么样的人，能过上多么美好的日子，而不只是接受生命给予他最初的可能，而不做任何改变。

人生来就不平等，世界就是如此残酷。但是这不代表改变就没有任何意义。活着，最大的失败不是退缩，而是从来不敢奔跑。努力奔跑可以让我们更好地认清自己，发现原来我们还有这样的一面——可以跨越重重荆棘，可以没有听从命运的安排，抵达一个更广袤无边的世界。

人这一生为什么要努力？很多时候，是为了可以有自由选择人生的机会，可以看到更大的世界，甚至是为了能够在自己喜欢的人出现的时候，不至于卑微得抬不起头，而是自信到理直气壮地说出那句话：“我知道你很好，但是我也不差。”

可是，在这条寻梦的路上，很多初出茅庐的年轻人尽管开始满怀憧憬，意气风发，可是慢慢地便动摇了最初的信仰，颓废地坐在原地，自我安慰起来，“成功者只是源于上帝的垂青，梦想本就只能是梦想”，可是你从没想过，哪一份从容自信的微笑背后，不是烙满汗水与泪水浸润的脚印。

*　　*　　*　　*　　*

别活得那么悲愤，这个世界不欠任何人的。每个经济地位居于你之上的人，都有着比你更惨淡的付出。你的收获，只与你的智慧付出成正比，真的不是别人的错。春天之所以如此温暖，不也是因为历经了整个寒彻萧瑟的隆冬。只有弱者才习惯把自己不能坚守而被现实磨灭的梦想当成世界欺骗自己的理由，而强者却已经把自己的梦想熬成了别人眼里的鸡汤。

现实凭什么对你温柔以待，谁的成功不是栉风沐雨，谁的人生不是斩棘前行。有句话是这么说的：“因为最痛苦的事，不是失败，是我本可以。”人这一生，与其抱着“爹妈的财富足够我滋润地活一辈子”或者“我有个赚钱很厉害的老公”的态度活着，不如亲自尝一尝生活的味道。我们不一定会成功，但一定要努力。奋力拼搏的过程会让我们的人生愈加深刻而非日渐浅薄。即使有一天，你还生活在俗人的圈子，你也终将不再被俗气沾染。

做一个对自己有点要求的人

艾米说自己这么多年，大学时专业没学好，技能也没多少提高，毕业后又稀里糊涂地做着一份工作，一心以为守着一份安稳的工作活着也不错，但是依然抵不过公司破产的命运。更可悲的是，就连喊了多少年要学车、学游泳的计划都没有坚持下来。日子就这样一晃而过，转眼已到而立之年，突然有一天，才发现自己在这偌大的城市里却依然没有前行的底气。

艾米这不是妄自菲薄，而是基于客观地判断，这一切也让她真切地感受到了自己的平庸和无奈。看着别人运动、画画、游泳，样样拿手，生活过得如此美好，其实人家所有行为的前提都是自律，是经过多年修炼的结果。

*　　*　　*　　*　　*

对许多人来说，“自律”是一个令人不快的词，因为它通常等同于自由的缺失。但事实却正好相反。如同思想家史蒂芬·柯维所写的那样：“不自律的人就是情绪、欲望和感情的奴隶。”

就拿产后塑身这件事情来说，虽然产后的辛苦和母乳喂养会让体重大幅度下降，但要完全恢复到产前状态，并能获得一种有型有款的身材还是要靠科学健身与饮食的。但是在不少新妈妈那里，我们总能听到这样一些抱怨：“带孩子忙死了，哪有时间健身啊。”“就这样吧，反正我给老公生了孩子，他也不能嫌弃我吧。”“有没有不用健身的方法，我还在喂奶又不能节食啊。”

可是，你有没有想过为什么自己需要费劲得到的东西，别人却能轻而易举自然而然地获得呢？别忘了人家高度的自制与自律精神啊。周末假日，虽然他们也想当一只看电视的沙发土豆，但是仍然坚持去健身房锻炼身体；在梦想面前，虽然最初燃起的激情已消退，但是仍然会坚持完成一个想法或是项目。

为了生命中更重要的事情，很多时候，自律会需要牺牲当下的享受和刺激。但是从长远来看，缺乏自律反而会让人丧失自由。得知别人一年读一百多本书，心生向往，决定从明天就开始读书计划，结果书单还没收集完就失去了耐心；看到别人三个月减肥十斤，唏嘘感慨后，决定重拾搁置已久的健身计划，结果跑步机还是落满了灰。最糟糕的是，当你平静下来想好好整顿一下自己时，却发觉这么多年竟然荒废了好多东西。那些错过的职业机会再也不复回头，更可悲的是，我们竟然还心安理得地过着这种三天打鱼，两天晒网的日子。

平庸不仅仅是平庸而已，它里面隐藏着堕落的种子。这些年来，你觉得自己安逸得如故事里的渔夫，晒着太阳，却忽视了在你的停顿中，世界仍然飞速疾驰着，而你却因为懒散和毫无自律让一切梦想都日渐枯萎。

*　　*　　*　　*　　*

有一位民营企业的销售经理，想当年他曾是一所医院的院长，但是，他却辞职了。

后来，拿着高学历在一家企业就职，因为自恃清高，不太能融入企业的氛围，熬了多年也不过是一个销售经理，这让他很不甘心，自觉现在的职位配不上自己的才华，却从来也没见他为此做过什么努力，每次只要一有什么想法也不过是行动几天，之后就不了了之了。

他却感叹际遇无常，拉着一群小辈同事，诉说当年同院的老友们，要么调到卫生院顺风顺水，要么已成知名教授，唯有他自己，给小学毕业的老总打工不说，还不怎么受重视。

听着这样的故事，我们只能无语，随便附和几句，心里多少却是有些鄙视的。想做成一件事，最怕的不是没勇气、没钱、没机会，而是从头开始就对自己没什么要求。那些从困境逆袭的人，谁不是靠着强烈的自律杀出一条路来的？一个人若是对自己没要求了，就没有资格对这个世界有什么要求。

*　　*　　*　　*　　*

摆脱平庸不过是在平庸与自律这场关键的对抗赛里，让自律狠狠启动，经历过一次次的循环反复、一次次的挑战极限，总有一天会形成习惯性的条件反射。当然，并不是说现在开始自律，光芒万丈的逆袭时刻分分钟就会出现，这种能力是需要慢慢培养的，拔苗助长很有可能前功尽弃，最后落了个虎头蛇尾。

很欣赏这样一段文字："你要相信任何时代、任何时间段，每个人都是有路可走的。哪怕一无所有，光着脚，只要真诚地专注一些有价值的、有意义的人与事，世界就不会在我们的眼前倒塌。"

推自己一把，生活才会对你仁慈

如果你是健身房的常客，一定会经常碰到一些熟悉的面孔，他们往往都是身材很棒，要型有型、要肉有肉。男的胸肌隆起，腹肌分明，颜值爆表；女的前凸后翘，腿型修长，在跑步机前挥汗如雨。放眼望去，整个健身房，几乎是猛男靓女的秀场。而身材不好的人，可能只占到20%的比例，而且，流动性往往很大。虽然说这些吭哧吭哧、立志要锻炼减肥的新面孔才是最需要用到健身房的人，但现实是，健身成功者才是这里的常客。

这些猛男靓女的体形已经够好了，为什么对自己还这么狠呢？我们想过什么样的生活，完全取决于我们的选择。一个人，如果你不逼自己一把，你根本不知道自己有多优秀。

*　　*　　*　　*　　*

W姑娘是个闽南人，家里有一弟一妹，大学四年，几乎没有花过家里一分钱，在学校勤工助学，业余做兼职，就是这样实现了经济独立，还挤出时间考了驾照。

如果你以为这位姑娘只会把时间花在挣钱上，那就错了，她不仅实现了经济独立，成绩也是顶呱呱的，大学四年，“优秀学生”“三好学生”这样的称号可以说是拿到手软。而且学生社团的各种活动也是一个都没有落下，写稿、写论文发表，样样事情都做得漂漂亮亮。

当然，一个人人前的光鲜亮丽，远不及我们想象的那么简单，是付出了很多努力才拥有的。而W姑娘对自己的狠，听上去更多像是在自虐。有时候，压力大到受不了的时候，她就去跑步，甚至可以一口气绕着操场跑20圈。

大学四年，W姑娘每天都是6点多起床，这对于很多爱睡懒觉的人来说，实在太可怕了。或许因为这样的努力，W姑娘寝室的四个妹子全部保送研究生。

坦白地讲，我们总是会在心里暗暗佩服这样的女子，学习和工作时，我们看见的是她们努力的一面，觉得她们活得“刀枪不入”。但是，当她们头戴皇冠时，我们也会感叹，她们的今天，真的是名副其实，担当得起。

*　　*　　*　　*　　*

一个人可怕的不是有多努力，而是可以持续那么久。努力也许不难，难的是一直保持这种努力的状态。而一个对自己够狠的人，我想以后很多事情都不会难倒他的。反倒是那些不肯对自己下狠手的人，这个世界迟早有一天会对他下狠手。

当然，一个人的努力，并不是说以通宵达旦、废寝忘食的学习、工作彰显自己的了不起，一个人的努力，只是为了让生活变得更多彩一些，把普通的工作做得锦上添花一些。

可是再回过头看看你自己，每天都有做不完的工作，一说加班就头疼。但是如果你能理智地控制一下自己，上班不要只顾着聊天购物，效率再高一点，会不会发现自己也能到点下班了呢？每天都疲惫得像只生病的狗，抱怨睡眠不足，没时间锻炼身体，难道你不记得前一天晚上坐在沙发上无聊地刷朋友圈、刷泡沫剧，一直刷到深夜的情景了吗？天天嚷嚷着减肥，却总是管不住自己的嘴巴。如果你对自己的偷懒理智点，也不至于对肚子上的赘肉徒伤悲了吧？

人生不过短短几十年，我们可以拼命，我们可以失败，可是我们不能眼睁睁看着岁月就这样无情地流走，让我们的青春直接走向死亡。人生路上，一时的得与失，一个人奋斗的孤独，纠结的小情小爱，其实都是生活的一部分。生活不会因为任何理由对任何人心软，它总是带着一如既往的狠劲，把想带走的带走，当然，也会把想送来的送来。

为什么你总是那么忙，却又什么都做不好

朋友们在一起聊到新年计划，Vivi的计划简单到只有爬山这一项，而她的一位闺密的计划却华丽丽地砸得她晕头转向，从健身、读书、写作到学英语，足足有四项，每一样都足以让人忙乱不堪。

看着闺密的计划，Vivi不怀好意地想，你就装吧：看到时你能坚持多久。之后，Vivi动不动就要翻看一下闺密的朋友圈，想看看她被计划拖得筋疲力尽的嘴脸，想看看她到底什么时候放弃。

让Vivi感到意外的是，闺密一直在坚持，更关键的是，闺密并没有像她想的那样忙乱到四脚朝天，从闺密不时发出的照片以及不停更新的文章中，Vivi知道人家有时间做一顿精细的美食，有时间打扮自己买新衣，有时间来一趟说走就走的旅行，甚至还有时间在网上跟人瞎聊。

也许跟Vivi一样，你也很疑惑，她既然那么闲，还做了那么多事，学了那么多东西，这一切是怎么做到的呢？

其实很简单，正如闺密所说：“每天我会抽出半小时健身，健身的同时可以听英语广播，我还会抽出半小时读书，再抽出一个小时写作，加起来也就两个小时，其他的时间，就可以自由支配，当然轻闲了。”

也许又有人质疑了，每天花这么少的时间，怎么才能保证效果呢？闺密的回答照例是很简单：“每天都做，养成习惯，从不间断，坚持下去，就会有惊人的效果。”

* * * * *

的确，在我们生活的周围，总有一批出类拔萃的人，他们每一次出场，总是与众不同，时尚、光鲜、靓丽、自然、大方、自信、坦诚。他们表面和我们一样，平时普普通通，正常上下班，只是在工作时间以外，他们比我们更刻苦，他们一直在坚持进修，坚持提升自己。

虽然听别人说这一切很简单啊，会让你觉得很不爽，但不得不承认，人家说得很有道理。我们当中的很多人总是羡慕别人能够过得从容轻松，但是投入一件事情时，常常火急火燎，总是试图用最少的时间，最少的努力，得到最好的结果。结果就是，要么我们把自己弄得疲惫不堪，忙得连顿饭都没时间吃，连家人都没时间陪，要么我们实在坚持不下去，中途放弃了。

真相却是，我们太急功近利了，总想用最短的时间减肥，用最短的时间练出肌肉，用最短的时间学会一门技能，用最短的时间成功，却不知道世上还有轻轻松松努力这回事。

* * * * *

童话大王郑渊洁每天早上四点半开始写作，六点半结束，然后一整天的时间都可以做任何自己想做的事。他一个人支撑一本杂志，书一本接一本地出，是位名副其实的高产作家，也许你会以为，他肯定忙得没时间吃饭，可是他却说，他是这个世界上最清闲的人。

每天两三个小时，看似很短，关键是，一年365天，人家从未间断。因为每天写，便养成了习惯，往电脑前坐的那一刻才不会觉得痛苦，几十年坚持下来，完全可以创造奇迹。试想，如果一个人能够每天拿出两三个小时，认真去做一点自己热爱的事业，这个事业就一定不会只以“想象”的形式存在这个人的脑海中，再怎么庞大的事业，都会因为这两三个小时的努力而拥有很漂亮的结果。

* * * * *

时间是最公平的，不同的结果来自于不同的使用方式。一天24小时，没有谁能多一分少一秒。有限的资源，你花在休闲无聊上，便没精力再提升自己。那些看起来走得比你快的人、取得成就的人，不过是比你更早意识到这一点，然后选择将时间投入了目标领域里。如果说有秘诀，那就是从不间断。

为什么很多人总是把生活过得兵荒马乱，把所有的享受都摒弃，这跟你一天做了多少事并无关系，重要的是你每天坚持做了哪些事。我们都知道，任何事情都不可能一蹴而就，如果你偏要一个月减肥成功，偏要一个月写100万字，偏要一个月背诵一万个单词，你肯定会忙得脚不沾地，肯定没有办法轻松从容。相反，如果你把这些事情切成无数个小块，每天都去做一点，你就不会感觉到痛苦，反倒过得从容轻松，没有压力。

所以，如果你想过得轻松从容，最好的办法，就是养成良好的习惯，不慌不忙，每天进步一点点。要知道，只有长久地坚持，才是真正有意义的。

活出自己的名堂，世界才会对你温柔相待

Amy，不论身材和颜值，不论声音和神态，都美好如少女，很多人称其为“女孩”，其实她已经是一个不惑之年的女人。Amy毕业于国内一所有名的中文大学，后来又在欧洲名校读完了硕士、博士。她就职过的公司几乎都是名企，拿高薪休长假。

从本科开始，她就靠自己打工支付读书和旅行的费用，如今一个人已经跑遍了大半个世界。可以说是真真实实地读了万卷书又行了万里路。可是她却常说：“不会生活，读再多的书都没用，没有爱，走遍世界也没用。”Amy在刚刚好的年纪结了婚，育有一儿一女，先生毕业于名校，她钱包里的照片上，先生高大帅气，儿女天真可爱。

在这种见识多广的女孩身上，闪烁的总是自律而谦和的光芒。可是，很多人的第一反应往往是她一定是单身吧，所以才会

有那么多的时间读书、旅行，做随心所欲的自己，女人到了不惑之年，怎么还能有什么少女心呢？

*　　*　　*　　*　　*

生活中，说这种话的人总喜欢按照自己的固有思维充当弱者的角色。更有甚者，自己不努力不说，还看不惯别人的奋斗与努力。别人说要攒钱出去走走时，他们会说“算了吧，你怎么可能攒下钱呢”；别人努力学习外语，他们会说“得了吧，也就一两天的新鲜劲”；别人说要去锻炼，他们会说“哼，早点注意饮食不就不会胖了吗”；别人准备开公司创业，他们会说“哎哟，创业公司那么多，最终活了几个啊”。

抱歉，你可以不去尝试，但是也请你不要妨碍别人的生活。这并不是一个你弱，所有人都陪着你弱的世界。你弱，没关系，但无法阻止别人变强，这个世界不会因为你弱就对你温柔相待。而一个人的成熟，是知道自己想要什么，并且为之去奋斗，同时，也是要尊重别人的追求，即使和自己的不同，也会愿意去理解。

其实，不管人生到了什么年纪，只要你伸出双手去争取，总能收获意想不到的惊喜。别总羡慕别人的生活如何轻松潇洒，你也应该活出自己的名堂。生命长与短，由老天决定；生命的重与轻，由自己决定。把自己的日子过得风生水起，才是正经事。

*　　*　　*　　*　　*

人这一生，最精彩的生活，莫过于在该干什么的年纪就去干了什么，就算你曾经错了、痛了、伤了，都不要紧，重要的是我们什么都没有错过，正能量自然会慢慢充满你的心扉。有时候，曾经做出的最困难的决定，往往最终成为我们做过的最漂亮的事情；曾经以为最艰难的人生境遇，往往最终成为我们活得最漂亮的时光。你活得漂亮了，世界自然会把你温柔对待。

小时候，我们总想快快长大，以为长大以后就能做所有自己想做的事情，于是不惜一切代价拼命地成长，可是当我们长到足以告别青春的时候，才突然发现，原来我们没有了当时的心境。长大后的我们总是忙忙碌碌于生活与工作之间，忘了年少的愿望，像一个陀螺一样，在原地不停地打转。

我们的生命是有限的，青春更是短暂，趁年轻，趁青春在，何不多经历一些事情，让自己的人生更加精彩，不给自己留下遗憾。虽然我们不能选择何时降临在这个世界上，我们不能选择我们的父母是谁，我们也不能选择自己会出生在什么地方，出生在什么国家，会在什么样的一个环境里成长，但是我们可以选择成为一个什么样的人，过一种什么样的人生，我们可以决定什么才是生命中最重要的东西。

明天的你是什么样子，
取决于你今天的态度和作为

华说他要结婚了。照片上，一张英气俊朗的脸，写满了幸福和满足。旁边的姑娘倚着他，笑得娇羞，却是大方。请柬下方有一行字：我们不是对方的梦中情人，却是彼此想要执手偕老走完一生的人。

三年前，华自认为找到了他的梦中情人，房子买了，双方家长见了，请柬也送了，可女方突然觉得心里没底了。当时，华第二次考研落榜，就每天帮爸妈打理自家的杂货铺。

华不想辜负了姑娘，对她说，你现在后悔还来得及。

姑娘思忖了一周，说："要不，先算了吧。"

姑娘从新房搬出去的那晚，华喝了很多酒，心里一直问自己：为什么别人能跟喜欢的人在一起？为什么别人能考上研究生？我也够拼了，为什么人生赢家就不能是我？

相信这些疑问，很多人都有过。从考大学、找工作到有了自己的家庭，我们就一直活在“别人家的孩子”的阴影里。日子过得马马虎虎、差强人意，却真真实实地看到身边有那么多人拥有我们拼尽全力也得不到的东西。所以，很多人疑惑了，如果总是有人要赢的话，为什么偏偏不是我？

那段时间，华常常一个人跑到他和姑娘曾经牵手散步的河边一趟趟地溜达。但这样的状态并没有持续太久，很快他又把自己的时间排得满满当当，白天进货守摊，晚上把自己关在房间里看书复习，一熬就是凌晨两三点。

朋友劝他，“何苦这么难为自己呢？”华只是淡淡地答，还没到完全无能为力的时候，不想就这么放弃了。

遗憾的是，这一次，他依然榜上无名。也许华天生就不是那学习的料，这次他说服父母，去一家公司做起了行政助理，还常常跟着老板各地出差。

在一次差旅中，老板给他一份即将要签的合同，让他再校对一遍文字。谁知，他竟发现了一处容易引起歧义的表述。若不是华及时提醒，堵住了漏洞，公司的损失可能达数百万。之后，老板对华刮目相看，晋职加薪接踵而至。再后来，华终于如愿，考上了那所名校的法律硕士。并且，在那里遇到了他想要执手偕老走完一生的人，成了让其他人羡慕嫉妒恨的“别人家的孩子”。

也许你会说，他是运气好，换作别人也会有同样的结局。可是，你知道吗，那哪是运气好，华为考法律硕士，已经足足准备了三年。

*　*　*　*　*

人们常说，年轻就是资本，因为年轻，所以有无限的可能。这句话，也许只对了一半。年轻不是资本，年轻又努力才会成为资本。清楚自己想要的，然后一步一步接近目标，当然，还要有不轻易服输的勇气和迎难而上的韧劲。那些走得更远的人，不是特异于常人，或许只是每天比别人多走了一点点。二十几岁的年纪，我们迷茫又着急。可是仔细想来我们不难发现，对于世间之事，只要每天脚踏实地多走一点点，不轻言放弃，终会有出头之时。

生活中总会有很多这样的例子，在离成功一步之遥的时候，很多人选择了放弃。现在很多大学生选择考研，可是考研之路并非一帆风顺。很多人由于经受不住考研的压力，在复习过程中几度崩溃，以至复习不下去。压力是人总会有的，关键是如何处理和转化。既然设定好了目标就应该做好承受压力的准备。越是想做，越会充满斗志和力量，越是放弃，越没有成功的可能，哪怕成功都会遇到困难。

生活有好就有坏，你愿意去感受的那一部分，就是你的人生。如果碰到一点儿压力就觉得不堪重负，把前途描摹得黯淡无光，那么即使花样年华，岂不也是空付流水？努力，并不轻言放弃，总会有一条路能带你走出去。其实，一个目标清晰、百折不回的人，注定会成功的。你要能坦然接受命运的捉弄，即使遭遇困顿也不放弃任何变好的可能。明天的你会是什么样子，完全取决于你今天的态度和作为。

你活了一万多天，还是一万多次

我们时常会发现自己处于同样的状态，在绝对的时刻看到同样的人，遇到同样的事，听他们对你说同样的话……无论你怎么改变，这些人和事还是会按照秩序一丝不苟地出现。从每天起床的那一刻起，你就自动进入了昨天的“日程设置”：洗漱、打扮、吃早餐、上班、对领导点头哈腰……先后顺序、动作习惯都与昨日一模一样。如果你开车，在某个拐弯处，你甚至会发现，拐弯的地方、弧度都与昨天别无二致。

人活着，日复一日地吃饭、装扮，努力年轻，用力微笑，把日子涂抹成安全的色调。如果这些是一个人成长的必修课，我觉得这并不可悲。可是，我们又时常有这样的感觉，自己还没怎么过日子，这日子就过去了，这种感受有点像是刚刚睡着就被叫醒似的，睁着迷迷糊糊的眼睛。

* * * * *

现在很多人都不快乐，感觉生活太令人厌倦了，一眼就可以看到头。比如，我在这个公司里上班，为了五险一金，50岁就看到了60岁，可能到了60岁就得了癌症了，然后动手术，一辈子就是这样的事情。实际上大部分人都是过着年复一年的重复生活，然后幻想着不一样的今年。反复历经着每一天，既没有改变，也没有惊喜可言，我们总是从不走心地望着人生的千奇百态，就像一日三餐吃过总还有下一顿一样。

一个人最大的惰性就在于“习惯”，当你习惯了上班、睡觉、再上班、再睡觉的重复生活后，似乎一切都是那么理所当然。正如诗人安妮·狄拉德所言：“我们度过一天的方式，就是我们度过一生的方式。”

然而，就在我们觉得一切都是那么理所当然的时候，内心深处总是会有一丝不安，生活似乎不应该如此。其实，世界上没有一条道路是重复的，也没有一个人生是可以替代的。每一个人都在经历着只属于自己的生活。

人这一辈子，除掉睡眠，只有一万多天，你是真的活了一万多天，还是只活了一天，却重复了一万多次？就拿工作来说，很多时候我们以为有了按部就班的、还算理想的工作，生命就有了意义和保障，可是生活不是只有玫瑰色，很多时候我们需要站在玫瑰色上去看看别的颜色，并时不时地把别的颜色拿过来和玫瑰色搅和一下，看看能出什么新花样。

未来的生活可能云雾缭绕，也可能礁石暗布，也有可能是一片绿洲。可是，人生苦短，何必把自己限定在一种重复的风格上，这样重复自己也是一种巨大的浪费。总是重复自己的人，什么都不会改变。

* * * * *

生活需要重复，但不能重蹈覆辙。那么，怎么摆脱这种重复的命运呢？就是你的生活能够不是一眼就看到头的。也许很多人会说，我就是个普普通通的人，只想安安分分地过日子。那只是你的错觉，其实你每天重复重复再重复的那些行为，就是在塑造你，你不想成为什么人，可是你注定会成为什么人。如果你把每天的自我时间都用来看韩剧、刷淘宝、玩微信，那么几年以后，你注定会变成一个生活的旁观者，而你最擅长的就是如数家珍地说起别人的成功和失败。

欣慰的是，有些人总是不舍得同命运妥协，把每一天都过得跟昨天不一样。在他们的眼界里，重复，意味着有大量的时间，可以去学习和做自己喜欢的事情，无论是钢琴、书法，还是舞蹈、厨艺。哪怕是把注意力专注于每一天：每一顿早饭，每一次晨跑，每一个电话，每一封邮件，每一笔开销，每一次承诺。

一切美好的终点，都来源于重复，并且是简单枯燥的重复。钢琴家要从音阶开始琴键的步行，书法家要从横竖撇捺中启动手的灵魂，芭蕾舞家要从八位站立和指尖擦地中演绎流动的魅力，而这些人正是在重复中慢慢看见自己的变化，获得力量，获得阳光雨露，获得重生。过日子，并不再是庸俗的事情，而是对每一天的生活负责。如果你对人生有厌倦，重复也是最好的修炼。

你可以选择麻木不仁地把每天当作一天地活着，同样也可以选择精彩、快乐地活好每一天。如果我们的每一天都是不同的，还有明天可以憧憬，有什么理由不去好好过呢？

你是谁不重要，重要的是你有什么

他是一位高管，在国际四大响当当的会计事务所工作，一干就是十几年，在裁员风波的影响下，也没能躲过这一遭，生活瞬间陷入迷惘，一夜之间毫无选择。

也许很多人可能会诧异，怎么可能呢？人家这么牛的履历去哪儿不能东山再起。可是现实就是这般残酷，而想象总是美好的。虽说他有十余年的工作经历，可是他掌握的工作只是人力管理，工作又十分繁忙，再无其他专业上的建树。所以，可以选择的范围非常有限。

另外，跟其平级的公司会把同样的职位留给相对更年轻、更有培养价值的年轻人，毕竟成本是一方面的考虑，而较小一些的公司又无法提供给他与往日相同的薪资。所以，一夜之间他站在了高不成低不就的位置上，又因可选择的圈子太小而无法轻易突出重围。

我们每个人在社会中的头衔，都是社会赋予的，比如我是哪个公司的，我是某个大媒体的撰稿人，我是哪家名校的老师。可是如果有一天，你不是这个公司的员工了，不写文章了，不讲课了……那么这些头衔全都不会存在，那个时候你还剩下什么？

*　*　*　*　*

一个人想要过自己喜欢的生活，就要有能过上那种好日子的资本。正如一个人想要爱我，就要有爱我的资格。而那些资格和资本是需要后天积累打磨的，水滴石穿并非一日之功。你的存在源于你能给别人的预期。面向社会，练就一项技能，并不是教你功利，而是让你更好地适应这个纷繁复杂的快节奏社会。如果没有一个拿得出的技能或专业，你怎敢大言不惭地去整日巴望着那个“理想中的生活”？

可悲的是，现在很多人常常抱怨就业难，尤其是理想主义和完美主义尚存的人，永远觉得自己的心比世界给予的机会大得多，在他们的眼里，最适合自己的位置被别人占着，被安排的位置却又不是自己能一抬屁股坐得上去的。如果你始终有点“怀才不遇”的愤懑和压抑，是不是应该换个角度想一想自己的能力到底有没有到位呢？

现在每个人都在讲“安全感”，其实最大的安全感就是不被这个社会所淘汰，更重要的是不被那个对生活有要求又向往的自己淘汰。我们也有理由相信，一个有一技之长并能为之持续付出心力和精力的人，完全可以凭这一技傍身过上自己喜欢的生活，为自己赢得新鲜的人生。

当大家都在谈论一个所谓好的工作对于生活的意义的时候，一个足够专业的技能可以让你的生活不受时间、地域的限制，一个足够专业的技能可以在一万个小时之后的岁月里让你有机会按照自己的意愿过一生。如果你还有时间，请花点时间专注于自己喜欢并擅长的事情，即使它与眼下的工作与生活看似毫不相关，而不是让被窝成为青春的坟墓。

* * * * *

刘墉曾经在他的随笔《萤窗小语》中写过这样一件事：“当我十三岁那年，家遭祝融（火灾），一夜之间烧成了平地，父亲生前珍藏的书画，我珍视的各种奖状全没了。当我在断垣残壁和余烬废墟间拿着小铲子想找点残存的东西却毫无收获时，幼小的心灵真是觉得前途茫然……而今我已不再那么怕火了，我常想，即使大火今天焚毁我所有的书画，只要我逃出去，明天提起笔，不是又有新的作品了吗？”

的确，拥有一项技能可以说是生存的必要条件，而且只有自己的知识、学问和技术是别人拿不走的，所以家财万贯，不如一技在身。而万贯家财也早晚会有挥霍一空的时候，只有一技之长才能让我们获取财富，留住财富。或许有朝一日，那曾经付出过的努力将会还给你一个别人只曾听闻却未曾触及的人生。

可以不轰轰烈烈，
但起码要活成自己喜欢的样子

一位姑娘毕业参加工作后，由于自身性格活泼开朗，再加上大学时曾任职于校宣传部部长，积极参加各种活动，所以对陌生环境的适应能力极强，与人的交际能力也很不错。入职不久便和同事们打成一片，很受领导以及老同事们的欢迎。

本来明朗的工作前景、和谐的工作环境让姑娘觉得一切甚好，工作起来也是得心应手，信心十足。可是就在前几天，一位和她同时进公司且关系不错的同事告诉她，有好几个新人在背后说她年纪轻轻，尽会使一些手段，把同事和上司哄得团团转。听到这些，姑娘委屈得眼泪都差点掉了下来。她觉得自己待他们与其他人并无二致，可为什么他们会这样想？

行走在人群中，我们总是因无数穿心掠肺的目光，还有飞短流长的冷言冷语而乱了心神，渐渐被束缚于自己编织的一团乱麻

之中。从穿着打扮到言行举止，从工作态度到工作方式，我们小心翼翼地处理每一时刻的自己，迫切渴望得到周围所有人的认可与肯定。

*　　*　　*　　*　　*

也许你喜欢艺术，可是就算家人同意，你还是要面对太多质疑，并且担心自己学成之后是不是能混一口饭养活自己，又或是自己的才能被埋没，一事无成地度过一辈子。也许你已经到了结婚的年龄，你不想对家里的压力妥协，不想苟且相亲结婚，可是你依然要面对父母、七大姑八大姨，甚至是这个社会的各种指指点点。最后却发现无论自己如何努力，哪怕最后你得到了99个人的认可，第100个人仍会对你竖起冷眼。

然后，我们开始为“做自己想做的人”“努力争取自己想要得到的”“走自己的路，让别人去说吧”这样的话动容，相信自己通过一番努力一定会有所改变。可是这个世界真的有太多束缚和无奈，不是靠一碗鸡汤或者一句口号就可以解决的。

尽管生活总会有这样那样的束缚和无奈让你停留在原点，或做出自己原本不想要的选择，但是你却忘了万物都有多面性，每个人的审美眼光与思维方式都不尽相同，在对待同一个人或者同一件事情的时候，也会做出不尽相同，甚至截然相反的评价与结论。

换句话说，无论你怎么做，都换不来他们由衷地肯定与喜欢。所以，当大部分人都认可你时，又何必去在意那几个遗憾的看法。

的确，我们是活给自己看的，并非给别人看。在这个世界上，总会有人喜欢你，赞美你，同样也会有人讨厌你，伤害你。你越是在意别人的看法，越是介意别人的评价，就越容易受周围环境的影响。世界从来就不存在完美的事物，接纳自己的不完美，本身就是一种宝贵的自我完善方法与手段。而且一个独立自信的人，本身就拥有自主的价值观，他们会通过努力去实现自我，演绎自己人生的精彩。只有自卑的人才会迫切地想要活给别人看。

*　　*　　*　　*　　*

所以，与其绞尽脑汁却又徒劳无功地想着如何活成别人喜欢的样子，不如努力活成自己喜欢的样子。如果自己喜欢的碰巧也能得到他人的共鸣那自然是好，但如果只是为了迎合别人的喜好而改变自己的初衷，那真的是一件让人觉得非常幻灭的事情。

记住，在这个世界上，没有和你一样的人，你就是一种独特的存在。你只能以自己的方式歌唱，只能以自己的方式绘画。你没必要活成所有人喜欢的样子，也永远活不成所有人喜欢的样子。

PART 03

梦想无论怎样模糊，总潜藏在我们心底，使我们的心境永远得不到宁静，直到这些梦想成为事实。愿意用时光浇注梦想的人，注定会梦想成真。

那些被无限推迟的梦想，只能称之为梦

不经审视的人生，不值得一过

我们总是习以为常地反复思考同一个问题：怎样的人生才算完满？锦衣玉食、高官厚禄的光芒万丈，还是粗茶淡饭、男耕女织的平凡？其实关于这些问题，你永远也找不出一个统一的答案。而无论你憧憬怎样的人生，唯一不能放弃的东西便是梦想。

* * * * *

豆瓣上有这样一封读者来信，大致内容是这样的：

“我是一名即将毕业的大四生，现在我一点方向都没有，之前有设想好的人生，但是现在却一点都没有实行，或许是我想的太不实际了，或许觉得我十有八九会失败，或许我觉得我的致命弱点就是太懒了。但问题是，我现在是什么都没在做，整天混吃混喝，浑浑噩噩的，我自己都不满意自己的现状。还有我原来是个很happy的人，但最近却一点都开心不起来，因为迷茫着自己的未来。”

试问这位读者：“你喜欢做什么，觉得自己能够做什么呢？”

对方回答：“我不知道啊！我喜欢旅游，于是很多人都对我说你去做导游吧，我不想做导游，太累了哦。但是我还能做什么呢？我现在严重怀疑自己的能力啊！自己到底要什么呢。”

身边很多人曾经有过或是现在还深陷其中的迷惑之一，就是不知道自己到底喜欢什么，想要做什么，做个什么样子的人。小时候，我们都有一个属于自己的梦想。当个科学家，成为医生，或是成为一名战士……然而，当生活磨平了我们所有的棱角，梦想却被我们无情地淡忘了。当我们回首青春才发现，原来的道路已不在，你的坚守不知何时早已消失不见。

* * * * *

梦想是什么？梦想是一个人内心真正的热爱，梦想是一个人愿意为其吃苦受累却仍然感觉幸福快乐的追求，梦想是使一个人每天朝气蓬勃活着的内在动力。然而，在以金钱多寡作为衡量成功唯一标准的人看来，一说到“梦想”之类的词，立马就会有人站出来反驳，梦想能值几块钱？梦想能当饭吃吗？梦想能买得起房子吗？

虽然我们不能肯定地说梦想能让人吃饱穿暖、衣食无忧，但是面对生活中的艰难困苦，一个心有梦想的人，最起码可以每天不再活得浑浑噩噩。说到底，人还是需要找到一种东西，能让自己骄傲地站在大地上。有梦想，人性也会发光。

在20岁出头的年纪，不知道自己想要什么是一件极其正常的事情，也是一件幸运的事情，因为当你有了困惑之后，你才会思考，才会寻找自己想要的东西。但是你需要了解自己对什么感兴趣，愿意把时间投入在哪一方面。如果你连自己对什么感兴趣都不知道，那确实有点儿可怕，一个人对自己连基本的了解和认识都没有，如何认识人生和世界。还是那句永恒的鸡汤，如果你觉得自己平庸，记住，那是你自己让自己平庸的。生活是自己的，自己都不求进取，凭什么让别人给你美好的未来。

* * * * *

虽说找到自己喜欢做的事情，知道自己热爱什么很重要，但是你有没有发现职场中有许多人在同一岗位一干就是七八年，却仍然处于底层，拿着不高的薪水，眼看别人都被提拔重用了，他们还是原地踏步，被各种纠结、埋怨困惑着。是他们不努力，不勤奋吗？

那就好好审视一下这些人的现状吧，他们每天按部就班地重复昨天的工作，日复一日，年复一年，虽然心里知道明天依然要重复今天的事情，但从未想过除此之外，自己是不是还要做点什么？还要得到些什么？假如有一天离开这个岗位，能做什么？有什么能力养活自己？这一切只是因为他们选择了安于现状，或者压根儿就不清楚自己想要的到底是什么。

整天被生活拖着走的我们，就像被上了发条一样，时间久了，就会忘记思考的力量，接着，忘记出发的原因。那句“人一定要有梦想，万一实现了呢”，虽然已经是烂大街的励志语录，但每一个人真的可以靠自己去改写自己的人生。你读过的书，学会做的事，也许在当下对你并没有太多的帮助，但是在未来的某一天，你会发自内心地感谢自己曾经学会了这些东西。而且这更是意味着，多学会一样东西，就少一件需要求人的事。

所以很多时候，你的职位、起点在哪里并不重要，重要的是你的心在哪里，你想往哪方面用力。你的眼光在哪里，你想朝什么方向发展。就算有一天，你离开了重复性的工作，你也可以很轻松地自主创业。至少，你很清楚自己明天应该做什么。

虽然我们都渺小且无奈，但每个人心中都有那么一点明亮刺眼的光，梦想与真实都是人们渴望的，生活并非没有选择。用自己的姿态，享受梦想带给你的快乐，尝试不一样的人生，这何尝不是一种精彩呢？

做你想做的事，哪怕并不那么容易

二十几岁时，你想要开始学习一项运动，有人说："晚了，你的骨骼已经发育完毕了，你现在来不及了。"三十几岁时，你说要开始学写东西，又不无担忧："还来得及吗，是不是晚了？"为什么不勇敢地做一次自己看看，做你想要做的事情，因为能找到自己真正想做的事情就已经很难得了。

生活中，有不少平凡的人用自己的方式积极做自己喜欢的事。喜欢写作就坚持写下去，平时多看书，多关注高人气的文学平台；喜欢摄影就多拍一些好的作品，自学修图技能，和高手切磋；喜欢手绘就学习绘图软件，每天挤出时间学习技巧。

也许有人说你的梦想不切实际，有人说你的梦想胸无大志，也有人对你的梦想不屑一顾，那就不要去解释，不要去管那些人。也许那些你想要的东西在他们眼里不值一提，在你心里却是最珍贵、最重要的东西。因为他们不知道，一个人的梦想也许不值钱，但是一个人的努力很值钱。可能现在的我们没有令人佩服的经历和成就，但是谁能保证未来凭着一腔热血前进的我们不会成就一番事业呢？

*　　*　　*　　*　　*

前段时间，有一个日本收纳达人登上了《时代周刊》的全球百大影响人物，还引起不小的轰动。她就是近藤麻理慧，也是《怦然心动的人生整理魔法》一书的作者，该书全球一度售出了200万册，在海外也成为热门话题。

近藤麻理惠是一个拿“整理”当职业的女孩，你可能无法想象整理都会取得这么大的成就，然而，恰恰是这个从小就喜欢整理的姑娘，把它经营成了一门艺术。

从幼儿园大班开始，她就非常喜欢打扫、整理、烹饪与裁缝等家务事。后来，因《丢弃的艺术》一书从此对整理产生了浓厚的兴趣，于是全心投入收纳整理技巧的研究之中。大学期间，还开展了自己的整理咨询业务，连毕业论文的题目都与整理有关。现如今，近藤麻理惠已成为日本知名的整理专家，事业进行得如火如荼，还成立了整理学校和整理协会。

当我们谈及梦想，很多时候我们并不知道梦想到底代表着什么，有时它是挂在嘴边的说辞，心血来潮时的口号，有时它是带着正能量的标签，意味着执着地努力、涅槃后的重生、坚持的信仰。很多时候，那些嘴上说着“我有梦想”的人，大概永远都不会成功。而真正心怀梦想的人，会用一颗坚持的心，编织一个美丽的梦。

在人生最值青春、美好的年华里，你若将时光付给了自己的热爱，你的热爱终究也会将最好的东西赠予你。一个对整理如此挚爱的人，她的人生自然不会了无生机。你若觉得人生实在是平淡乏味，只能说你从未真切地热爱过什么，既然来人间一趟，就不要轻易地放弃梦想，而人一旦没了梦想便成了死气沉沉的躯壳。

* * * * *

有这样一个励志视频，一个法国男人在他儿时看过一本名叫《消失的地平线》的书。怀着对书中香格里拉美景的向往，这位男子毅然背起行囊，在离家一万多公里的地方一待就是16年。

在这16年的时间里，他遵从内心，选择回归田园诗人般纯粹的生活，终日读书劳作、奋笔写作，因为是自己内心的向往，所以他丝毫不去理会他人的非议。他说：“我希望自己心里永远住着一个孩子，永远有一颗赤子之心，永远追寻着童年的美好梦想，我的那些探险经历和少数民族的交往都是源自这一点。”

梦想，是倔强地长在我们心上的执念，这样的执念不应为了名，或是为了利，它只关乎你的热爱。

这不是一个关于梦想的煽情故事，这只是一个平凡人抵抗庸俗的故事。这位男子并没有刻意地在寻找，只是跟随自然遵从内心，在这片土地上留下一行行的足迹。

我们常常会贪恋世间的繁华，然而在繁华散尽后却不免暗自神伤，要知道，繁华、功名利禄并非永垂不朽，在你有限的生命里，唯一不会被夺走的就是你在追逐梦想的路程里留下的沉淀。

* * * * *

乔布斯在斯坦福大学的毕业典礼上有这样一段演讲：

“有时候，生活会用板砖砸你的头。一定不要失去信仰。我知道，唯一支撑我前进的东西就是：我爱我所做的事。‘你必须找到你所爱的东西’，这句话不仅适用于你的工作，也同样适用于你的恋爱。”

“你的工作将构成你生活的大部分，而唯一能让你真正从工作中得到满足的办法就是爱你所做的事。假如你还没有找到它，继续找吧。不要停下脚步。同所有与心灵相关的东西一样，当你找到它时，你会知道的。而且就像那些美好的爱情一样，它会随着岁月的增长而越加醇美。”

就像乔布斯所说的，唯一支撑我们前进的东西是“爱你所做的事”。也许有些人年轻时候有梦想和信念，再用往后很多时光去忘记它们或者背叛它们。也许有些人有梦想却没有实现，因为他们差了那么一点点坚持。而上帝总是眷顾持续努力的人。可能你现在做的事并不是你感兴趣或者热爱的，但是既然做了，那就试着让自己爱上它吧。当你爱上它的时候，你会发现原来它并不是那么无趣。寻得你的热爱，使其成为梦想，然后努力实现它，这是让你免于迷茫，免于不安与焦虑，免受人生虚无感的折磨的唯一途径。

从现在开始干，而不是站在旁边看

某女郎，在刚入夏时就想学游泳。她先是在某宝上买了泳衣、泳镜、救生圈等装备，然后自学了网上游泳教学的视频，之后，特意跑了几家像样的游泳馆，找专业人士咨询学游泳的一些情况，从游泳课时的安排、班级的规模到老师的水准以及游泳馆的设施和环境，她都了解得一清二楚，等她把这一切全部准备充分，认为自己真正可以开始学游泳时，夏天竟然不知不觉地过去了，游泳池的水也因为太冷不适合游了。而这位女郎做了漫漫长夏的一系列准备，却连一次水都没有下过，从此，她的那些装备连同她学游泳的热情也一并被放进了大衣柜里。

很多人会说："我要是不准备这些，到时候做错了怎么办？"什么事情都不能只凭借想象和他人的描述就能明白个中滋味，尤其是游泳，你非得亲自上阵不可。就算做错了，那也可以改变和调整。若是像这位想学游泳的朋友一样，你永远也无法游起来。

*　　*　　*　　*　　*

生活中，我们遇过这样一些人，常常信誓旦旦地跟你说，“互联网的时代到来了，猪都飞了，再不创业就来不及了。”结果过几年又遇到他们，还是在喋喋不休地聊自己的创业梦想。

我们也遇到过这样一些人，总是满腹牢骚地说，自己要辞职了，说公司这不好那不行，实在受不了了，结果几年过去了，也没见他们辞职，还在不停地唠叨“受不了了，必须要辞职了”。不仅如此，懒得去跑步，我们就说没有买到喜欢的运动鞋；懒得去旅行，我们就说还没有买到心仪的相机和镜头……我们总是给自己找了很多理由，当作不去开始某件事的借口。

选择自己喜欢的生活方式，实在需要一种非凡的魄力和勇气，而你只是缺个一咬牙、一跺脚的开始。很多事情，只要开始迈出第一步，就根本停不下来。但前提是，你要开始。

可是我们身边总会有这么一种人，他们在你还幻想着要来一次说走就走的旅行时，已经拍摄着你最想去的地方的照片；在你一次次推迟减肥计划的时候，已经瘦了十几斤；在你发誓要多读书、多学习的时候，已经读了上百本书……

很多时候，我们都想走一步，就能看到未来的很多步，甚至看清未来生活的轮廓，其实这都是我们美好的愿望。如果做什么事情都要等到万事俱备，准备百分百后再行动，万一遇到一直都无法具备的情况怎么办？难道要一直等下去吗？西方有句谚语“waiting for life is waiting for die”，意思是说，等待的生命就是等死。就像那个学游泳的朋友一样，准备了整个夏天还没有游过一次泳。或许用她准备的那些时间来练习游泳，她早已学会游泳了，早已享受到炎热夏日在水里舒张自如的愉悦感了。

* * * * *

想法每个人都会有，但如果不付诸实践，那就一点用也没有。就像每个人都想过上幸福美满的生活，可依然还是有人过得落魄贫穷。为此，我们能做的就是拼命努力，把所有瞻前顾后、患得患失的时间都用来努力实现，而结果怎么样，生活自然会给我们答案。如果我们不迈出第一步，天天坐在家里用脑子想是没有结论的，这样只会错过最好的时机。

每一个成功者都有一个开始。勇于开始，才能找到成功的路。如果真的决定要开始一件事，就让自己勇敢上路。只有先把你的帽子扔到墙的那一面，你才会爬过这道墙。如果已经决定出发，就不要把生命浪费在犹豫上。因为所有的伟大，都源自一个勇敢的开始。

成功的反面不是失败，而是什么都不做

曾经看过这样一段话：年少时我们不敢尝试，害怕栽了跟头。后来我们不着急尝试，觉得青春正好，一切都来得及。再后来我们不愿尝试，觉得天色已晚，不如迷糊着赶路。于是，“不尝试”成了我们的处世哲学，从此窝囊着、忍耐着过完这一辈子。

我们这一代，其实都是默认了“预设方案”的人。书读得不少，吸纳的也挺多，只是聪明到不敢试错。我们还没有见过海时，就知道该在海滩上用手指写下姓名圈个爱心；我们还没有见过山，就知道要在登顶时高高跳起抓拍矫健身影。其实，我们从来都只是身临其境，没有试过从安全区越境。

很多时候，成功的反面不是失败，而是什么都不做。虽然这句话看起来有点美式思维，但是当你遇到难事，犹豫要不要挑战时，这句话总能给你带来勇气和力量。不管什么都去尝试、去感受，这样在面对“接下来该怎么办”这样的问题时，你的脑子里才会不断地涌现出各种想法。

如同恋爱一样，如果你喜欢谁，你就会和这个人处好关系，想和她去交往，去思考很多问题。比如，“怎么做我才能每天都见到她呢？”于是，你会打探她的上下班路线。“怎么做我才能和她搭上话呢？”于是，你会探究对方的兴趣与爱好，以便把握住邀请对方的机会。

其实，每一次成功的开端都是一种尝试，若不是开始尝试着去做某件事，最后也不会成功，虽说尝试的过程是痛苦的，而且令人想放弃，自责，甚至怀疑自己的能力，但只要你还愿意尝试，或许前面那扇成功的门就是虚掩的。

*　　*　　*　　*　　*

迈克尔·乔丹，被誉为“飞人”的史上最伟大运动员，他曾不可思议地带领芝加哥公牛队获得六次NBA总冠军，带领美国队获得两次奥运会冠军，他自己则获得五次常规赛“最具价值球员”、六次总决赛“最具价值球员”称号。他的传奇经历，连同他扣篮时的吐舌动作都被球迷们津津乐道，他们称他为“披着23号球衣的神”。

但是在一次记者采访中，他却说：“我起码有9000次投球不中，我输过不下300场比赛，有26次人们期待我投入制胜一球而我却失误了。我的一生中失败一个接着一个，这就是为什么我能够成功。我从未害怕过失败，我可以接受失败，但我不能接受没有尝试。”

在采访中，他回顾了伤病带给他的肉体痛苦；为了圆儿时的梦想，他曾中途离开NBA去打棒球，在场上被嘘的尴尬经历，这让他知道自己不是全能的，但也不会为尝试而懊恼；还有在华盛顿奇才队被质疑、被出局的困惑与挣扎……然而，帮助他走出困境的却是父亲当年讲的那句话：“谁都会遇到倒霉事，你的任务是想办法把坏事变成好事。”

没有人永远会是赢家，只是他付出了与常人不一样的努力。也没有人注定会成为输家，除非停止尝试。不管什么事情，都要去尝试、去感受，即使结果不好，但是通过这些尝试，你可以学到许多的知识，这毫无疑问也是一种成功。事实上，那些我们认为是阻碍的挑战，总会让我们变得更强壮。你要接受这样的可能性：今天的障碍或许是明天的优势。

* * * * *

当你感到生活枯燥乏味，你有没有想过去尝试新的事物？这个想法其实非常简单，想想那些你生命中一直想做的事。看到一件新款的外套，你会说“穿上试试”；看到一家新开的餐馆，你会说“进去尝尝”；遇到一个女孩，你会想“交往试试”。也许这件外套并不能凸显你的身材，也许餐馆的新菜不合你的胃口，也许交往的女孩不是你心仪的另一半，但是你会坦然地说：“起码我尝试过，也知道了他们的不好。”如果活着是一种状态，一个过程，或者说是一场经历的话，那么，不断尝试就将成为活着的真正意义。

* * * * *

听过这样一个故事：

一个大学毕业生即将要踏上人生的旅程，临行前他找到一位智者，希望得到一些忠告。智者只送给他两句话：第一句是“前半生，不要怕”，第二句是“后半生，不要悔”。活着就要尝试，不断地尝试。一个不曾尝试的人生，可能不会有什么风浪，因为你根本就没有迈出脚步。可是这样的人生真的是你想要的吗？又或者说，你心底真的想过这样的生活？

小时候我们时常被灌输，我们要上学，为什么要上学？因为能找个好工作。所以在我们的潜意识里就认为上学等于工作，仿佛只能给别人打工才能赚钱。如果真是这样，那么又怎会出现创业的人呢？如果没有这些创业的人，又哪来的工作岗位？当然，这样说只是想让大家换个思维，并不是说创业就比工作好。要知道每个人都有自己的潜力，有些人适合在工作岗位崭露头角，而有些人却适合创业。只不过我们往往因为不敢尝试，害怕前进于真正适合自己的领域，而梦想也因为这样的担忧止步不前。

年轻人，请千万别止步于不曾尝试的人生。也许很多事情的开端注定就是重重困境，也许很多事情就是会经历许多短暂的失败。我们不应该只是听别人的故事，看别人的辉煌，而要用双脚踩踏出专属于自己的痕迹，哪怕这条路走得歪歪扭扭。

毕业前五年，是改变自己命运的黄金时期

一对年轻的夫妇有两个孩子，一个叫莎拉，一个叫迈克尔。在他们小的时候，父母决定为他们养一只小狗。小狗抱回来以后，这对夫妇还专门聘请了一位驯兽师来训练它。在第一次训练开始之前，驯兽师问他们：“小狗的目标是什么？”

这对夫妇面面相觑，颇感意外，他们一脸迷惑地嘟囔着说：“一只小狗还有什么目标？它的目标当然就是当一只狗了！”他们实在想不出，作为一只狗，还能有什么另外的目标。

驯兽师严肃地摇了摇头说：“每只小狗都得有一个目标，否则我们根本没法训练它。你们是想训练它守门，还是为了和孩子们一道玩耍？或者只是作为你们的宠物？我必须知道这些。这就是它的目标。”

在驯兽师的精心引导下，这只小狗被成功地训练成孩子们的

好朋友，它举止可爱，品性忠诚、洞察力敏锐，成为这个家庭中不可或缺的重要成员。最重要的是，通过驯兽师，这对夫妇还学会了怎样教育自己的孩子：为他们树立目标。

他们的教育最终没有令人失望：莎拉成了一家电台的主播，而迈克尔则成了纽约第108任市长——迈克尔·布隆伯格。他们永远都记得驯兽师的那句话："每一只小狗都要有自己的目标。"——何况是一个人呢？

确定什么是你最想要的，然后，把你的注意力都集中到这一两个你最看重的目标上，坚持着，只要一心所向，总有一天会成功。有时候，坚持需要一个理由，一个能让你心潮澎湃的理由；然后，你需要保持一种强烈的渴望，当一个人拥有强烈企图心的时候，就会拥有无比的能量，所有的困难都会为你让路。

* * * * *

记住，在这个世界上，没有达不到的目标，没有越不过的障碍，关键在于你是否下决心要得到它。年轻的时候，去做自己的梦，为了梦想而努力，这样也不枉费活过一场。

人必须有一个正确的方向。无论你多么意气风发，多么足智多谋，花费了多大的心血，如果没有一个明确的方向，就会过得很茫然，渐渐就丧失了斗志，忘却了最初的梦想，或者走上弯路甚至不归路，这样只会白白误了自己的青春年华。

荷马史诗《奥德赛》中有一句至理名言：“没有比漫无目的地徘徊更令人无法忍受的了。”毕业后这五年里的迷茫，会造成十年后的恐慌，20年后的挣扎，甚至一辈子的平庸。如果不能在毕业这五年尽快冲出困惑，走出迷雾，我们实在是无颜面对10年后、20年后的自己。

* * * * *

可是，我们又经常会看到这样一些情况，当家里一个后辈跟众人分享他的梦想时，总会有一大堆人给他出谋划策，“最近很多人在卖这个，不如你也去卖”“外面工作不好找，你少自找麻烦了”……作为后辈，都会尊重其他人的意见，因为“当局者迷，旁观者清”，我们害怕自己不够全面、太过主观，所以我们需要参考他人的“客观”。可是主观不一定是不好的，关于自己的人生，你才是真正的独裁者，至于别人的建议，仅供参考，或者让他们发挥到他们自己的人生上去吧。

生命需要自己去承担，命运更需要自己去把握。在毕业的前五年里，越早找到方向，越早走出困惑，就越容易在人生的道路上取得成就、创造精彩。无头苍蝇找不到方向，才会四处碰壁；一个人找不到出路，才会迷茫、恐惧。所以，当你平心静气地意识到自己想做什么、要做什么时，就要勇敢地迈出腿去。

不过，不少刚毕业的大学生，总是奢望马上就能找到自己理想中的工作。然而，很多好工作是无法等来的，你必须给自己一个明确的定位，使自己稳定下来。你给自己定位是什么，你就是什么。丑小鸭变成白天鹅，只要一双翅膀；灰姑娘变成美丽的公主，只要一双水晶鞋。当然，想要卓尔不群，还得有鹤立鸡群的资本。年轻人要想让自己得到重用，取得成功，就必须把自己从一粒沙子变成一颗价值连城的珍珠。

总有一小部分人，愿意把热爱坚持到天荒地老

小T是一位盲人按摩师，擅长肩颈治疗，很多客户都点名要他做。他出生时母亲就离家出走了，念完小学，他便跟着中药房的师父学中医。可是后来他才知道做按摩才是盲人的好出路。于是，他转了行，到盲人学校学了三年的理疗按摩。

小T说自己之所以选择理疗按摩，因为这个很难，需要三年，甚至是更长时间才能摸清人身上的每一条筋络。学有所成后，小T开始走南闯北，去过很多城市。

也许很多人会想，一个盲人怎么走南闯北，那得多不容易啊。

小T说："虽然我看不到城市的样子，但是我只知道我需要赚钱来养家，爸爸和奶奶都在等着我寄钱回去。我没觉得自己很苦，我一直相信，上天关了我眼睛这扇窗，它就一定会打开另一扇门，现在我知道这扇门就是按摩。"

当这些话从一个盲人口中说出来时，我们只能默默地听。一个盲人都能为自己的那扇门潜心学习，刻苦地磨炼自己，我们为什么还总是哀叹自己境遇不幸呢？

* * * * *

很多年轻人常常诉苦说不喜欢现在的工作，感觉每天都过得很压抑，但喜欢的工作又没有经验，为此，感到纠结、困惑，不知道该怎么办。

没有谁能在刚开始的时候，就做自己喜欢的工作，很多人都是在摸索中找寻自己的方向。遇到自己不熟悉，但是感兴趣的事情，就要去学习。一个盲人尚可用三年时间来追求一个梦想，我们又为什么做不到呢？

很多时候，我们的眼界会被一些光辉的字眼儿所蛊惑：咨询、投行、金融公关……在那里，我们看到了牛人们天南海北地飞，过着精致优雅的生活，拥有我们所艳羡的一切。于是，我们也想攀登峰顶，过那样的生活。

但是渐渐地，事与愿违。我们太累了，累到没有生活只有工作，累到越来越担忧自己的健康，当然，我们也清楚地看到那种精致优雅生活背后的苦楚。于是，我们开始怀疑这条路是不是对的，并试图寻找自己的内心。

*　　*　　*　　*　　*

其实，当我们还没有准备好用一生来追寻自己的梦想时，只会让自己陷入迷茫。很多人常常是一边奔波于眼前的苟且，一边梦想着远方的田野。可是，优秀和平庸的差距，往往只在于一件事。优秀的人总是能十年如一日地把这一件事做好，而平庸的人做了太多事情却依然碌碌无为。

小T是个执着的人，他的梦想就是做按摩师，所以在那三年的时间里，他踏实低调地学习，之后又积累了若干年走南闯北的实践经验，于是才有了今天的立足。他正是靠着坚韧的毅力和不懈的努力，才实现了自己的梦想。郭晶晶很小的时候就开始天天跳水，每天跳数百次，一跳就是十几年，后来才有了打破伏明霞跳水女皇神话的辉煌；盖茨研究了十几年的电脑和程序，才成就了 Windows 全球霸主的地位。

无论是现在的工作，还是设计、音乐、文学、电影，如果它们是你的梦想，那就请你沉下心来，努力不懈地坚持，勇往直前地守候。

有人说，如果一件事情你坚持做21天，那么这件事情就会成为你的一种习惯。如果一件事你坚持做十年，那你得牛成什么样。人生很短，我们没有太多的时间和精力为太多不相干的事情分心。而人生又挺长，足够你把一件事情做到最好。

写字也好，读书也好，美食、美景，世间不可辜负者甚多，一定有一件事情是值得你坚持一辈子的，生命的丰腴和安定也往往是靠这样的事情来获得。把一件看似简单但很有价值的事情用心做到极致，任何人都能从平凡变得卓越，从众人中脱颖而出。

以梦想和自由为名，单打独斗又何妨

在那一年的毕业季，H同学走出北京西站，手里提着行李箱，怀揣着家里给的6000元钱，这是他的全部财产。在西客站的广场上，民办高校纷纷设摊，拉过路年轻人入校。H同学挑了其中一所。不必考试，交了3000元，这是一年学费和住宿费。他的“北漂”生涯从此开始。那是1997年，他19岁。

后来H同学读了两年书，换了四份工作，漂流过三个城市，交过三个女朋友，最终他又回到北京，在一家杂志社做了广告业务员。他决定长期留在北京，并准备30岁前买房。

H同学第一次听到“北漂”这个词时，内心里霎时涌出一种强烈的认同感。他在“北漂人”网站上写道：“我们默默地、没有名分地漂泊在这个叫北京的地方，寻找那片属于自己的天空……”

其实每个来北漂的人都或多或少地揣着点梦想，可是，理想是丰满的，现实却很骨感，在实现梦想的途中总会有一道无形但很坚固、很高的墙堵在我们面前，那就是孤独。当我们十分笃定地向着自己的目标往前跑的时候，内心难免会被孤单寂寞吞噬着。

* * * * *

其实，实现梦想的过程原本就是一个夹杂着放弃与坚持的过程，更是一个充满无尽孤独的过程。在这个过程中，你会不被理解，你会被边缘化，你会被嘲笑、被讽刺、被讨厌、被怨恨、被放弃，会忍受无尽的孤独，但是这些都不应该成为让坚定执着的你放弃的理由。

有人说，人的成长都是孤独的，当你一个人的时候，你要面对所有事情，而且你没有选择的权利，因为，孤独是你的必修课。如果你不想随波逐流，流俗于茫茫人海中，就应该保持你的个性和自我，享受属于你自己的孤独。孤独，是每个梦想必须经历的体验。

这世上从来没有别人可以困扰我们，困扰我们的都是我们自己。要知道，任何人做什么事都不可能一呼百应得到周围每个人的支持和理解。很多人来打击我们，是因为他们不相信自己能做到，因此也不相信你会做到，所以才会添油加醋挤对你。

生活不可能像你想象得那么好，但也不会像你想象得那么糟。人的脆弱和坚强往往超乎自己的想象。有时，我们可能脆弱得因一句话就泪流满面，有时，我们也会发现自己竟然咬着牙走了很长的路。那些身陷孤独而不感到寂寞和无聊的人，他们一定有着强大的精神在支撑着自己，才使自己在最孤寂的时候也不凋落，在身处绝境时内心依然坚定着一份执着的信念。

我们都将面对孤独，这并没有好坏之分，只是生活而已。做好我们能做的永远是最好的办法。每当孤灯夜下一个人跑步的时候，表面上看，似乎只有你一个人孤独地奔跑，但是在你灵魂深处，你应该感觉到这世上有许多牛人在和你一起奔跑。这时的你，不再是孤单的，而是和众多志同道合的朋友为实现各自的理想而一起拼搏。

* * * * *

也许你还有疑问，自己有一个梦想，别人总会闲言碎语，该怎么办？在这个年代，很多人憧憬的是物质、名誉与享受，却很少有人去关心自己内心需要的是什么，而且一旦面对孤独，我们当中的大多数人又过于在乎别人的看法，总是想从别人的眼中寻找自己的存在感，不懂怎么享受一个人的时光。

当梦想照进现实的时候，每一天早晨闹钟响起的时候，你是起身一跃还是翻身盖被，这才是证明自己的最好答案。一颗孤独的心，才有真正强大的力量。虽说这个过程会很累很辛苦，甚至常常让你失望，但是我们都将孤独地长大，终有一天，你会破蛹而出，成长得比自己想象得更好。

不怕目标遥远，就怕连想的勇气都没有

不知道有多少人想过五年后的自己会成为怎样一个人，在自己的人生规划中要扮演怎样一个角色？美国文学家爱默生曾经说过一句经典的话："一个人只要知道自己去哪里，全世界都会给他让路。"虽然人生的道路充满坎坷，但是只要知道自己该去哪里，我们总会在柳暗花明处，找到属于自己的成长的快乐。

可是，一个不可回避的事实却是，与你同龄的一些朋友大都处在边奋斗边迷茫的状态中。大家似乎都做着一份不那么喜欢的工作，领着一般的薪水，过着不那么如意的生活，不敢想哭就哭、想笑就笑、想走就走，生活似乎从来不肯让我们轻易地潇洒。就如作家毛姆在《月亮和六便士》中所写：一般人都不是他们想要做的那种人，而是他们不得不做的那种人。而我们都是一般人，即不得不做的那种人。

你呢？有没有想过五年后的自己在哪里，做着什么？你有没有试过某天早上醒来，坐在床边开始怀疑人生，可是几分钟后你依旧刷牙、洗脸、吃早餐、挤地铁。你连思考的时间都不肯给自己，宁愿用程序化的生活来麻醉自己。

一位从事职业规划的专业人士曾说过这样一段意味深长的话："我经过多年的工作经历及观察发现，与微薄的收入和沉重的生活压力相比，更让人内心充满煎熬的是，大批年轻人并不清楚自己内心真正想要什么。他们不知道将来要做什么，不知道自己要走向何方，不知道自己在哪里需要坚持，哪里需要放弃。他们甚至还不知道自己喜欢什么、讨厌什么。"

现实生活中，很多人就处于这种随遇而安的状态，这种随遇而安并不是豁达，而恰恰是在未来面前怯懦的表现，你真正缺乏的是与生活搏击的勇气，你害怕挑战，害怕失败，因此更多的时候你只会甘愿选择顺从。但是如果你自己都不知道自己想要什么，命运又怎会给予你想要的东西呢？更何况时间从来不等人，正因为我们不知道未来会发生什么，所以才必须随时确认自己的人生目标。只有当你自己知道自己想要什么的时候，并为之努力，世界才会为你让步。

*　　*　　*　　*　　*

有一年，一群意气风发的天之骄子从美国哈佛大学毕业了，他们的智力、学历、环境条件都相差无几。毕业前，哈佛对他们进行了一次关于人生目标的调查。结果是这样的：27%的人，没有目标；60%的人，目标模糊；10%的人，有清晰而短期的目标；3%的人，有清晰而长远的目标。

25年后，哈佛再次对这群学生进行了跟踪调查。结果是这样的：3%的人朝着一个方向不懈努力，几乎都成了社会各界的成功人士；10%的人，他们的短期目标不断地实现，成为各个领域中的专业人士；60%的人安稳地生活与工作，没有什么特别的成绩，几乎都生活在社会的中下层；剩下27%的人，生活没有目标，过得不太如意。

那么，如何才能成为像那3%一样拥有完美人生的“幸运儿”呢？关键就在于你对自己一定要有清晰的人生规划。当你有了规划，人生才不会迷茫，不仅清楚自己现在所处的位置，更清楚自己下一步所要迈出的方向。而没有规划的人往往被残酷的世界给规划掉。

*　　*　　*　　*　　*

其实，每个人对自己都有期待，但是我们少有人把自己安排妥当到这个地步。如果你能及时地问问自己：“五年后、十年后，我会怎么样？”你会发现，你的人生已经朝着自己的梦想越走越近了。如果你期望那一天是苗条的，那么从现在的每一天都要为那个自己少吃一点；如果你希望那个自己穿着喜欢的品牌，那么从现在起就要为了买下那个牌子而努力赚钱。每一天，都要朝你希望的那个样子迈近一步。更重要的是，每一天，都要为那个自己做点什么。

PART 04

你一辈子做得最对的一件事，就是不负流年，不错过生命中的美好。当你的才华还撑不起你的梦想时，你就需要玩儿命地提升自己的实力，而不是让年轻成为炫耀的资本。

不要让自己在最好的年纪里选择安逸

别在最该拼命的年纪选择安逸

近期，A公司参加某校园招聘会，希望聘用三类有识之士：第一类是物业顾问，是行销的；第二类是项目销售，是坐销的；第三类是行政文员类。负责招聘的主管有意让面试的女生自己挑，往往她们最愿做的就是行政，其次是坐销，而挑行销的几乎寥寥无几。

即使招聘主管告诉她们物业顾问的底薪最高，干得好的话，提成可观不说，还有机会提升为部门经理，而且日后无论是转到行政部还是项目部，都是很容易的事，面试者仍然无动于衷，坚持自己的选择。

这些面试者的选择顺序与赚钱多少恰好相反，她们是按照工作压力的顺序来选择的，也就是说，她们宁可找一个压力小的、稳定的、清闲的工作，就算赚钱少，升职机会小，发展前景一般，也觉得无所谓。

我们身边的很多人跟这些面试者一样，总觉得拥有一份稳定的工作，甚至找一个合适的人，组建一个普通的家庭，此生便可安然度日了。这是人的惰性所在，喜欢待在自己的舒适区域，不想也害怕去改变。在生活没有让我们变得最糟糕的时候，我们永远希望得过且过，因为稳定至少意味着你不需要四处漂泊，甚至于头破血流，就可以唾手而得你想要的一切，稳定可以让你后顾无忧地去做自己想做的事。相比过一种努力的生活，过这种“不变”的生活真的太容易了，它不需要你过动脑子的生活，只需要你机械地过完一整天。

*　　*　　*　　*　　*

可是，真正的人生之路才刚刚开始，你愿意就此故步自封吗？每当夜深人静的时候，是不是也曾想起一次次承诺自己要做到的事，一次次答应自己要去的地方。还有你在别人的质疑与否定面前，不停地告诉自己，总有一天，你会证明自己有多优秀，让那些质疑和否定你的人，都后悔他们的决定。再看看你现在的样子，只剩下一声叹息。

其实，你就是对自己太好了，安于享受，却懒得付出。事实上，那些在最该吃苦的时候寻求了安逸，在最该学习的时候谈了恋爱的年轻人，他们的未来很有可能会很麻烦，甚至会过得不尽如人意。从来都没有两头甜的人生，我们年轻时享受生活了，年老时就会付出代价。

这个世界根本就不存在绝对的安全与稳定，安分守己的人生也不见得有多美满幸福。如果在生命的尽头，你都不知道此生为何而来，这才是最大的悲剧。当别人都在奋力奔跑的时候，请不要停止学习，不要停止提升自己，不要停止探索生活的不同领域。对于二十多岁的年轻人，我有一些建议，一定要多听、多看、多思考，参加各种各样的活动，多结交优秀的朋友，多去长见识，而不是天天购物逛街刷淘宝。到时候你才会明白，在这个世界上，只有一种安全，那就是你的技能和在任何环境下迅速爆发的能力。

*　*　*　*　*

有些事儿，我们不试试，永远也不会知道答案。或许你现在已经有了一份不错的工作，无论喜欢与否，既然选择了，就要努力做好它。当然，也别忘了自己的梦想，世界很大，等着你去发现，别让眼前的安逸阻止你去自己想去的地方。

如果你还年轻，那就不要在最有能力奋斗的年纪，选择了安逸，还为自己找来一大堆冠冕堂皇的理由。只要你用尽全力做好自己，不忘初心，总有一天，你会成为自己想要成为的样子。请记住，你若盛开，蝴蝶自来。

还有什么比安于现状更可怕的

一位闺密跟好友诉说自己最近一直好迷茫，纠结要不要换个部门。她说，现在的部门，每天都是在重复同样的事情，枯燥无味，一点儿意思都没有，还学不到东西。要是换一个新部门，虽说收入、发展前景都很理想，但又特别辛苦，每天都要加班到夜里十一二点，一想到没日没夜地干活，那还不如不换。怎么办，她感到好纠结。

看到这里，你的内心是不是也咯噔一下，又是一个不安于现状、内心躁动不安，又担心未来的可怕，不敢尝试、蠢蠢欲动的纠结者。

生活中，很多人总是这样问自己：要是换个城市，会不会还不如待在这里？要是换份工作，会不会还不如现在轻松？思来想去，我们就开始自己吓唬自己了：会的呀，如果改变了现状，我们很可能就要花更多的时间去适应新环境，放弃现在的一些约定俗成，而且我们很可能比现在还要起得更早，睡得更晚。

于是，我们得出一个这样的结论：不去尝试，至少现状不会太差。然后，好不容易鼓起的那点勇气，就这样被自己无情地熄灭在脑海里。在往后一成不变的日子里，我们还不会忘了反复叮咛自己：瞧，现在这样多好！

在网上看到过一句调侃：间歇性踌躇满志，持续性混吃等死。这可能是很多人的现状。日复一日地重复，年复一年地重复，确实没什么意思，但是我们就是懒于改变。一想到一个人背井离乡的日子，一想到人生地不熟连个知心朋友都没有的样子，便没了坚持。当年的激情澎湃也变成了岁月静好、现世安稳的祈愿，结果只剩下“平凡可贵”的自我安慰。有时候，不安于现状却没有重新开始的勇气，真的比一无所有还可怕。

*　*　*　*　*

“你最后悔的是什么？”这是某杂志对国内60岁以上的老人进行的一次调查问卷，结果显示：有75%的人后悔年轻时不够努力，结果一事无成；有70%的人后悔年轻的时候选错了行业；有62%的人后悔对子女教育不当；有57%的人后悔没有好好珍惜自己的另一半；还有49%的人后悔没有善待自己。

原来所有的平庸背后，都有一个不够努力的人生。我们最大的敌人不是衰老和苦难，而是一颗安于现状、得过且过的心。能成就我们的，是我们自己，能毁掉我们的，同样是我们自己。

* * * * *

与友人聊天时，有这样一句话，让我印象非常深刻。他说，人要对自己有点要求，不能安于现状，如果对自己没有任何要求，得过且过，很有可能10年、20年之后还是现在的样子，甚至还保不住现在的样子。

我们都渴望以自己理想的方式度过一生，却又害怕改变，不愿付出足够的代价。其实，没有一成不变的人生，改变虽然未必能让我们到达理想的彼岸，但至少给予了人生另外一种选择。而且从职业发展来说，年轻是一份非常宝贵的财富，这个时候任何错误的成本都不会太高，怎么样损失都不会太大，可以让我们尽情地去尝试和试错，可以让我们自己慢慢明确个人的职业兴趣、想要的生活。

当然，并不是说你一定要去为难以实现的梦想埋单，而是不应该在明明可以努力奋斗的年纪，却选择了毫无斗志，还劝说自己人生就是顺其自然、知足常乐。当一个人故步自封、画地为牢，守着脚下的一点地盘时，又怎么可能看到头顶上的广阔天空？

其实，在充满机会的未来和稳定的现状之间，我们最应该问问自己，是想要安稳、枯燥的生活，还是要一个更明确的未来。如果你选择了安于现状，那么你也就放弃了开发自我潜能的机会；如果你选择了做怀揣着野心的雄狮，那么多年以后，很可能会站在碧海蓝天之下，拥有你当初梦想拥有的一切。

有时候，人在职业中难以做出选择，往往是因为看得太近了，如果能爬上梯子，朝远处望一望，或许一下子就会明白自己应该做什么了。事实上，很多时候无论你在哪家公司工作，有个怎样的头衔，有份怎样的薪水，你都可以做到更好，只要你愿意。而这一切，都是从不安于现状开始。

为你打算的人很多，但你才是自己的导演

如果人的一生可以设定程序的话，大多数姑娘恐怕都会被妈妈设定成与她的经历差不多的人生：找个跟自己类似的人，生儿育女，白头偕老，甚至就连在什么时间段遇见什么人都会事先预设好。

S和M从小一起长大，她们分享过青春里不为人知的秘密，也互相攀比过相貌和成绩。这么多年，其实彼此不分上下，但两个人最大的不同是S很乖，很听话，而M从小就离经叛道。

现在，S在当地的事业单位做着稳定的工作，每月收入3000元出头，对于二三线城市，饿不死也谈不上富有。她的老公在国企，也是稳定到60岁可以光荣退休的那一天。

可是，有一天，S却告诉在外打拼的M："我觉得自己是个失败者，这日子太让人绝望了。过30年，我就是我们办公室的王主

任那样，一天到晚只知道嚼舌根。”

听到这里，手机那端的M扑哧笑了出来，但却隐隐感到一阵难过，S啊，她实在是太听话了。上什么学、做什么工作、嫁什么老公，这些都是她爸妈早就安排好的，于是，她变成了她妈妈人生的翻版。

对大多数乖乖女和乖乖仔而言，生活的价值不在于探索，而在于安安稳稳走完人生路。诚然，这种安宁的生活也是幸福的一种。遗憾的是，在这些人身上，我们却很少听见谁骄傲地说自己在做喜欢的事，太多人都在抱怨，然后拿一堆借口搪塞自己。

* * * * *

如果你的梦想是更远的地方，那就一定不能给自己预设轨迹。正如尼采所说：“你不是父母的续集，也不是子女的前传，更不是朋友的外篇。对待生命你不妨大胆和冒险一些，因为好歹你要失去它。”

想想同学会上那些活得精彩的人，有多少是乖乖女和乖乖仔呢？如果听从父母的相亲提议，费雯丽或许过着平顺的小日子，而不是登上奥斯卡的领奖台。如果按照长辈的轨迹生活，乔治桑或许会嫁给和她爸爸差不多的另一位男爵，而法国将不再有第一个穿着长靴、马裤出没文学沙龙的异彩女作家。

再想想这些年平白辜负了的好年华，是不是实在不忍回忆？我们不会比昨天的自己更年轻，不管愿不愿意，时间都在马不停蹄地向前奔跑。谁规定25岁前就一定要把自己嫁掉？谁说30岁不当妈妈就太老？谁强迫你必须做到中层甚至女高管？谁觉得你不可以在事业如日中天的时候辞职去学习爱好已久的课程？谁要求你不能以自己喜欢的方式生活？

* * * * *

精彩的生活、美好的家庭谁都想要，但这往往意味着一次次尝试、一次次地跳出自己的舒适圈才能找得到。有时候，走上一条与当初父母设想完全不同的道路未必是坦途，用自己的方式独立思考未来，充满惊喜和进步，照样能活出另一片天地。

如果你打算从平均值的团队里脱颖而出，那么你为此付出的必然是不听话的代价。如果你打算在某一个领域创造一点小小的成绩，那么就要有承受非议与质疑的定力。

二十出头的年轻人，不要为你究竟是谁而烦恼，而是抓紧思考你可以是谁，并且去赚那些说明你是谁的资本。什么是青春？就是给我们机会在走到死胡同时再走回来，而不是让我们在墙根下坐着等死。只要现在你开始觉醒，人生随时来得及转换。

为什么你读了那么多书，却还是那么迷茫

某教授去大学演讲，临结束时，一个学生举手提问：“我读的大学是一所三流大学，大家都不怎么努力学习，对未来也没有什么计划，像我这种起点不高又很迷茫的状况应该怎么办呢？”

教授的回答很犀利：“在这所三流大学里，你觉得自己出类拔萃吗？如果没有，那恐怕就不是环境的问题。”

对很多年轻人来说，起点不高又很迷茫可以说是常态，在很多领域，我们恰巧都处在了一个不高的起点上，又不得不参与人生的各种竞赛；更糟糕的是，当发令枪响了，我们还处于懵懂之中，心里想使劲儿吧，却又往往不知道往哪儿使劲。可惜的是，实在有太多人仅仅因为自己的起点不够高、目标不够明确，就一直迷茫下去了。在太多人眼中，似乎只有一个如梦初醒的目标，才值得我们全力以赴地去奋斗，而这一招鲜的好办法，又似乎可

以像直升机那样迅速地带领我们脱离低谷、飞跃山川。

可是，你想过没有在你起点不高的时候，困住你的究竟是什么呢？其实并不是迷茫，而是你的患得患失。一说到目标，我们总免不了犹豫再三：如果从一开始，我们的目标就偏离了方向，那岂不是白费工夫？结果想得越多，越寸步难行，时间都花费在搜肠刮肚地思考“我的人生目标到底在哪儿”这件事上了。

其实，我们希望的并不仅仅是一个目标，而是一条万无一失、通向成功的康庄大道。然而，很多事不去切身体会，只能是望尘莫及。生活从来都不会怜悯你，机遇更不会优待你，与其浑浑噩噩地过，不如轰轰烈烈地过。人的一生想攫取的东西实在是层出不穷，你之所以迷茫，只是因为你的胃口太大，以至于连自己都不知道想要牛奶还是面包。

* * * * *

在新东方的一次演讲上，俞敏洪老师就这样说过：“我最烦现在的年轻人在一点儿基础都还没有的时候，就给自己定下目标要成为下一个马云，他甚至还不如马云长得好看。”台下一阵笑声，他又说：“即便是我也很难看清未来甚至五年后的走向，而我之所以能走到这一步，和我愿意每天都取得一点进步是有关系的。”

说得没错，即便你的目标有所偏差，只要动起来，也比原地坐着空想有用。这就好比登山，你在层峦叠嶂的山脚下仰头，只能看到离你最矮的山峰，而你只有占领了这个山头，才有可能看到之前被遮蔽的更高的山巅。而那些口口声声说自己多么迷茫的人，说白了只是一个给自己找台阶下、安抚自我内心的借口罢了。

* * * * *

其实，很多年轻人之所以目标偏颇，往往是因起点不高、眼界狭窄、知识和精力有限导致的。因此，大家不妨先设定一个目标，只要这个目标是现阶段你觉得值得为之奋斗的，那就朝着这个目标狂奔。在后面的努力过程中，你可以不断回顾、修正最初的目标，或许更令人感动惊喜的是，在这个过程中，你会发现自己正慢慢朝着正确的方向行驶，哪怕走的是一条当初根本无法预料的航道。当你有了方向，确立了目标，开始前进时，你觉得还有时间分给迷茫去啃噬吗？

毕业五年，你是否还保持着学习的能力

大学毕业后，和无数苦恼的毕业生一样，C姑娘过着没有车、没有房的平凡日子，可是曾经那个念书时不被看好的女子，毕业后却竟然成为一个羡煞旁人的人。因为C姑娘始终执着地相信，每一个阶段里自己所付出的努力，无论薄厚，都会带她到达不同的人生。

在毕业后的不满五年间，她从来没有放弃过一个学习的机会。正如旁人都清楚地看到的那样：每个周四的晚上她都会坚持上一节法语课，每半年至少读两本书、看三部电影，每天都会挤出片段时间专注写作的梦想，每个月都会有计划地从薪水中拿出一部分去理财，每三个月出现在瑜伽馆的次数不少于20次……这样的几年，让C姑娘比刚毕业的时候开朗多了，苗条多了，视野也开阔了，而她对世界越来越多的无知和好奇，也使她迫切地需要让脑袋里的内容充实起来。

我们从大学校园里带走的最宝贵的东西，不是那张塑封牢固的毕业证，也不是穿着学士服的照片，而是一种坚持学习的能力。很多时候，本事才是你的底气，你的修养。虽说大学毕业了，可是人生的学校从来不停课。虽说岁月是把杀猪刀，可是只有你才有屠宰自己的权利。

*　　*　　*　　*　　*

任何时候都不要放弃学习，不要放弃向上的力量。一个人行走江湖，去学习的东西越多，你所能够得到的快乐就越多，而且受到命运摆布的可能性就越小。如果你不够强大，就算是肝脑涂地，也不会有人来帮你。

或许有人会说："大学都毕业了，抓紧时间去赚钱，不是更好吗？为什么要读书呢？""我都快三十了，结婚了也生孩子了，现在的生活挺好、挺稳定，还学什么？"听到这些话，总让我觉得特别惋惜，你还那么年轻、那么有潜力，怎么可以这样轻率地限定自己的人生？你就能确定从今以后不会跳槽、不想加薪？你就能确定以后不被公司派去接待外宾、不出国旅行？你就能确定你的孩子，不会在未来的某一天扬起脸天真地问你："妈妈，您怎么什么都不会？"

人生还有很长的路要走，为什么就不肯相信自己可以成为一个更好的人呢？饿了，会做一桌好饭，不是一件很酷的事情吗？失恋了，提笔画几幅画，不是一件很美的事情吗？不喜欢一份工作果断放手，然后照样能找到更可心的事情做，不是也很有成就感吗？你要相信，人生是一个厚积薄发的过程，只有通过不断地学习，看到每天进步着的自己，才能一点点地去靠近那些看似遥远的梦想。

用当下的工作喂养你的梦想

在一次招聘会上，某公司录用了大批应届本科和研究生毕业生。其中有一位助理，是HR主管经过多次面试后，亲自录用的一个女孩，名牌大学，研究生毕业，机灵活泼。

女孩入职后，HR主管从工作流程到待人接物都手把手地教她。女孩学得很快，很多工作一点就通，跟同事也相处得很融洽。后来，HR主管又慢慢地让她尝试着去处理部门之间以及分公司之间的业务联系和沟通。

一开始，女孩经常出错，她觉得很紧张，就去找HR主管谈话。后来她仍然出错，又去找HR主管，这次谈话比较深入，女孩有一个困惑，就是为什么总是让她做这些琐碎的事情？

可是当HR主管问她，什么才是不琐碎的工作时，她却答不上来，只是强调以自己的能力应该做一些更加重要的事情。主管说，先把手头的工作做好，先避免常识性错误的发生，再循序渐进。

三个月以后，女孩提出辞职。至于原因，她也说得很坦率：研究生三年，功课优秀，没想到毕业工作了，每天却要处理琐碎的事情，没有成就感。辞职后的一年内，女孩换了三份工作，每一次都坚持不了多久。而且每一次她都说，新的工作不是她想要的工作。

很多年轻人在自己还没毕业的时候，总感觉自己有能力，可以混得不错。可是，毕业几年后，才发现社会跟学校完全是两个世界。那些不懂思考、不善规划的人，往往会走上一条得过且过的路，懒懒散散地混日子，这样的人无疑是接受了平庸而卑微的生活，却失去了年轻人本应该有的那种冲劲和干劲。

* * * * *

你凭什么在刚二十多岁的时候就界定工作的好坏？其实，在所谓的职业生涯里，我们很难预测到自己将来真正要从事什么工作，也很难预测到将来要从事的工作与专业是否有关。大多数人，很有可能将来所做的工作，跟他们当初所学的专业一点关系都没有。

然而，现实却告诉我们，大学毕业后的前四年，重要的不是你做了什么，而是在你不知道自己的人生将会怎样时，那就先埋头工作。因为这四年的经历，可以说是日后职业生涯的基础。现在很多年轻人觉得眼前的工作人人都能做好，没什么了不起。其实很多时候，平庸的人与卓越的人在本质上有且只有一个区别，那就是有没有投入地去做好一件事情的能力。你可以出于爱好去做一份工作，也可以出于野心去做一份工作，或为实现自己的事业只做一件事情，但是绝对不要因为好高骛远、好吃懒做而去做一份看上去简单而容易的工作。要知道，正是这些简单的工作，循序渐进地、隐约地成为你与别人今后发展的分水岭。

* * * * *

正如日本四大“经营之圣”之一的稻盛和夫说的：“凡是功成名就的人毫无例外地，都是不懈努力，历尽艰辛，埋头于自己的事业，才取得了巨大的成功。通过艰苦卓绝的努力，在成就伟大功绩的同时，他们也造就了自己完美的人格。”

通过艰苦的劳动磨炼自己的人格，修身养性，这样的道德说教，或许很多年轻人会不屑一顾。但是如果你想好好活，就得好好干，这一点至关重要。而工作无疑是提升心志、磨炼人格的一次修行。我们的人生应该自己来掌舵，而不是随波逐流，工作时就要努力做好。人生没有重来，但可以努力将未来过得更好。

躲过的，总有一天会找回来

有个朋友失业了，她开始不断地翻报纸找机会，之后挨个儿面试，但很少有成功的。面试的时候，她总是被问到一些自己不会的工作内容。

后来，一位朋友帮她分析原因，就问她："这个你应该做过吧，这不是你们这个行业很普通的工作内容吗？"

她的回答却总是："当年是别人做的，我都没碰过。""那可是个苦差事啊，谁都不愿接手，我也当然不想做了，谁知道今天要用啊。"

类似这样的故事还有很多。有位三十五六岁的前辈，眼看着马上就要奔四了，而孩子年纪还尚小，老人又到了需要人照顾的时候，职场里有干劲儿、工资低的年轻人，正潮水般地一浪接一浪地涌来，这让她觉得压力很大。

更要命的是，这位前辈在公司里的能力还很一般，跟很多年轻人属同一级别，虽然家里不缺钱，但是天天跟一帮90后混着，心里难免会有些不舒服。可是前辈又不敢辞职回家当全职太太，担心一旦经济能力没有了，将来婚姻就会有问题。

一想到眼前的困惑，前辈就难以入眠，思来想去，觉得造成今天这种状况的最直接原因还是自己当初的选择，结婚后想着老公赚的钱还挺多，自己不用那么努力，差不多得了，工作上什么都不争不抢，能推给别人的，自己绝对不干，天天按点下班，没事就逛逛街美美容，正是受这种心理的影响，才造成了现在的局面。

嫁个有点小钱的老公，找份不操心的工作，是很多女孩渴望的一种生活，可是这位前辈的现状却赤裸裸地告诉我们，混日子一天两天还可以，可是三五年之后，差距就会显而易见。生活不会自动为你铺路，躲过去的，总有一天会找回来。

惰性总会让人得过且过混日子，如果一个人不懂得思考未来，想想日后的路该怎么走，就等于安于现状，接受平庸而卑微的生活，失去了年轻人本应该有的那种冲劲儿和干劲儿。更可怕的是，当你懒懒散散地消磨日子时，却感觉不到自己在堕落，生活质量在降低。

时间是最宝贵的资产，是最昂贵的成本，也是最公平的给予，但是很多人却感觉不到它在一点点地消失，当年龄一年一年地增加时，虽然你外表年轻，但掩饰不了内心的恐惧。比你年龄大的人，总说“你还年轻，有的是时间”，是真的吗？直到你奔三了，就开始慌乱了。

* * * * *

无论你在创业，还是打工，都要记住，你不是在给别人工作，而是为自己工作。多接几个项目，多写几个文案，多交几个朋友，都能学到一些东西，而这些东西是别人夺不走的，无论何时都可以增加你自己的筹码。而混日子是没有任何前途的，你混日子，就是日子混你，你自己才是真正的输家。

现如今，很多二十出头就毕业找工作的年轻人，看着身边好多二十五六岁的同事，不过干着一个比自己高一级的职位，生活上也比自己富裕不了太多，就觉得自己年纪还小，未来的路还很长，好好努把力，等自己二十五六岁的时候，工作和生活一定会比他们强很多。结果，三四年一眨眼就过去了，当自己真的到了二十五六岁时，才发现当初预想的事情一件都没有发生。也许仅仅比曾经这个年纪的同事好一点而已。

这些年轻人的问题就出在总觉得自己还很年轻，起步早，有的是时间，结果白白蹉跎了岁月，用尽了青春。现在的自己，虽然一点都不敢懈怠，但是身体状况已经无法回到刚毕业的时候了，而且生活里也有了很多其他内容，就算你很努力，也无法再专一地做一件事情。

*　　*　　*　　*　　*

对于刚毕业的年轻人来说，在工作的前三年，一定要尽量什么都做，并且努力做，拼命做，即便有多余的精力，也不要太过沉迷于自由。纵然前三年是最辛苦的，薪水是最低的，付出和回报也有很大的差距，却是人人都愿意毫无保留地教你的三年，更是奠定你来职场生涯基础的三年。

我们还都太年轻，年轻到没心没肺，无所畏惧。何不让自己的努力沸腾起来，而不是一点点泯灭在各种教条和听上去还算有理的话语里。反之，那些曾经躲过的辛苦，逃过的困难，自以为幸运没有分配到自己头上的苦差事，总有那么一天，会成为你职场生涯的软肋。

你的敬业，让整个世界刮目相看

每个人都希望自己的工作、生活以及人生充满精彩，一些人通过敬业实现了自己的愿望，而一些人却无法走出平庸的模式。其实人与人之间的能力都差不多，但是人与人之间的想法却相差很大，而敬业与否就是头脑中众多想法中的一个，正是这种想法的差异才产生不同的结果。

成功学的创始人拿破仑·希尔曾经聘用了一位年轻的姑娘当助手，她的主要工作就是替他拆阅、分类及回复他的大部分私人信件，并且听拿破仑·希尔的口述，记录信件的内容。

有一天，拿破仑·希尔口述了下面这句格言：记住，你唯一的限制就是你自己脑海中所设立的那个限制。从那天起，这位姑娘就把这句格言深深地刻在了自己的心里，并付诸行动。

每天她都会比一般的速记员提早来到办公室，晚餐后又回到办公室，即使干着不是她分内，也没有报酬的工作，她也没有怨言。

后来，她开始研究拿破仑·希尔的写作风格，不等他的口述，就直接把写好的回信送到拿破仑·希尔的办公室来。由于她的认真，这些信回复得跟拿破仑·希尔自己写的一样好，有时甚至更好。

有一次，拿破仑·希尔的私人秘书辞职了，当他想找人补这位男秘书的空缺时，很自然地想到了这位姑娘。可是，当时这位年轻姑娘的办事效率实在是太高了，而且她的价值还不止于她的工作，她的进取心和愉快的精神，也给公司带来了和谐和美好，所以很多更好的职位都对她虚位以待。因此，拿破仑·希尔不得不多次提高她的薪水，她的佣金已达到她当初当一名普通速记员的四倍。

如果工作只是一味照着前有轱辘后有辙的想法去思考，那么可以肯定的是这个人还被经验的框架所束缚。如果工作只是为了每月到手的工资，那么可以肯定的是这个人还被浮躁的心态所控制。如果一个人经常亵渎自己的工作，经常想着如何再赚点外快，那么他根本就没有沉稳可言，更谈不上敬业。

*　*　*　*　*

在当今这个浮躁的社会，这样的人越来越多，在很多初入社会的年轻人心中，总认为打工都是为了老板，为老板挣钱。既然为人家干活，所以能混就混，公司亏了也不用自己去承担，有的人甚至还扯老板的后腿。

而看得远的人，则会在工作中养成敬业的习惯，表面上看是为了老板，其实是为了自己，因为这样的人能从工作中学到比别人更多的经验，也更容易受人尊敬。同样，这种人也极易得到提拔，因为没有老板不喜欢敬业的员工。

* * * * *

很多人认为敬业只有利于公司，有利于上司，其实敬业是一个人对自己从事的工作所持有的稳定的心理倾向，是促进我们心理成熟的催化剂，所以最大的受益者是我们自己。而一个不敬业的人，往往不够自信，也从来没有体会过快乐工作的真谛。当你把本属于你的工作推给别人的时候，你也就拒绝了一次成长和发展的机会。

很多时候，当我们以一种极致的态度和专注的意念，去砌一面墙，种一朵花，写一首诗，设计一所房子，成就一段职业……我们有理由相信，不管多么坚实的门，终有被你推开的一天。

20岁出头的时光，可以是最好的增值期

对许多人来说，贫穷只是一个符号，可是对于那些深陷贫穷之苦的人来说，他们生活里的每一件事都是被镂刻上贫穷的印记的。

L姑娘在大学四年过得很艰辛。大学四年她几乎没向爸妈要过一分钱，都是靠那些助学金、助学贷款走过来的。大学四年，她连洗衣房里三块钱一次的洗衣机都没用过，都是自己手洗的。夏天也就罢了，可是到了冬天，整栋宿舍楼只有她一个人在公共卫生间手洗衣服。

这样的生活，一旦出现了什么波折，更是不堪负重。那段日子里，她先后经历了爸爸的病、外婆的丧礼、哥哥的婚礼、爷爷的丧礼，无一不是巨大的经济负担。对于许多人来说，本该完全沉溺在欢喜、悲痛情绪的事情，她却不得不思考如何筹到钱来解

决这些事情。

*　　*　　*　　*　　*

也许你会说贫穷太可怕了。于是，你便以为，她会变得很自卑，是这样吗？事实上，正是因为贫穷，让L姑娘深深知道贫穷的苦，正是因为贫穷，让她清醒地认识到虽然自己贫穷，但是还拥有青春。所以她更想通过自己的努力，去过自己想要的生活。父母没能给的，就要自己去争。后来，L姑娘一步一步给自己构筑希望，一步一步让自己成为想要成为的人，过上了自己想要的生活。

贫穷是非常可怕的，但更可怕的是，因为贫穷，不仅丧失了生活中的一切，还丧失了斗志。每个人都曾穷过，就像每个人都曾年轻过。那段一无所有的日子虽然辛苦，但也很容易塑造一个人。

坦白地说，L姑娘也曾自卑过，别人说的话会无意中伤到她敏感的神经，但是因为她不甘心一辈子过这样的日子，所以从没有放弃自己的斗志。她不会因别人无意伤害了自己，就觉得别人别有用心，而是轻松回应一句‘没关系，我不介意’，或者说‘我已经习惯了’。其实，当她的心被生活一次又一次地淬炼时，虽然依旧敏感，但早就坚如磐石。

*　　*　　*　　*　　*

很多贫穷的人总爱谈论这个世界的不公平，可归根结底，那都是自己一次次选择的结果。你没有钱，没有关系，没有资历，这些都没有关系，但是你拥有青春、激情和梦想。格局的大小，在很大程度上就决定了我们人生会有怎样的走向。虽然你一无所有，但青春是最富有的贫穷。

生命是为自己而存在。青春就是我们最好的增值时期。有人说：我没财富，我还有青春去奋斗，而没了青春，我便再也找不到回去的路。没有人说努力就会成功，但总有人说不努力就会平凡。因此，在我们最美的年纪，何不留下一点点不平凡的回忆。

PART 05

生命注定要经历一次次磨难，才能塑造出与众不同，所有的经历都是获得，所有的获得都是上苍给予的恩宠。愿你永远年轻，永远热泪盈眶。

世界让我遍体鳞伤，但伤口长出的却是翅膀

投资房子股票，不如投资自己

三年前，D先生在南方某个小城市里，做着仓库管理员的工作，月薪3000元，那时他27岁。每天除了上货、下货、出货、开叉车，就是看电视、斗地主，日子日复一日，寡淡乏腻。

直到有一天，他突然觉得自己再也不能继续这种重复无味的生活，再也不能继续这么浑浑噩噩地过日子了。于是他辞去了工作，拿着工作这几年赚下的三万块钱只身一人到了上海。他花了一万多元报了一家业界很有名气的设计学校，开始了为期3个月的短期培训，又拿出一部分钱在学校附近租了一间小房子，每天两点一线地生活学习。

就在银行存款快花完的时候，他找到了第一份工作，在一个创业公司做UI设计，月薪是税前6000元。工作之余，只要有闲暇时间，他就去参加各种设计开发者大会，自学前端的基础知识，花时间琢磨那些优秀的产品是如何设计的。

后来，在一次户外招聘广告上，他被一家著名网络公司投来的橄榄枝所吸引，业界这么有口碑的公司，要是放在几年前他完全不敢想象，可是这一次，他打算去拼一把。几年来，他凭借不断提升的作品质量、同事们的正面评价，以及他对这个机会的渴望，最终拿到了这个职位，月薪是税前一万元。

与朋友聊到一次工作变动，他淡淡地说："其实最关键的不是工资又涨了，当然的确涨了好几千，而是我又找到了能够提升自己的机会，公司里有更多好的项目可以做，身边也有更多牛人可以学习，可以接触更多先进的资讯，等等，这才是我觉得更有价值的事情。"

对于年轻人而言，在知识经济时代，最好的投资其实是你自己。有一句话是这么说的："一般人在30岁之前都赚不到大钱，30岁之后要赚大钱的话，前提是要看你30岁之前有没有投资自己。"

* * * * *

为什么在同样的时间内，有些人走上人生巅峰，成为人生赢家，而有些人却在朝九晚五地工作中，逐渐走向平庸。也许其中的差异就在于如何利用时间好好投资自己。要知道，对于每个人来说，时间是唯一的资本，而时间又一去不复返，你的选择最终决定了你的未来。所以，与其把太多的精力放在不稳定的投资上，不如转变一下理念，回归到我们自己本身。投资我们自己，也是在丰富我们的生命。为此，你不妨多做一些有意义的事情，保持追求新鲜事物的求知欲和好奇心，努力让自己升值，那么一切皆有价值。

* * * * *

一位三线城市的年轻人，在当地一家国企干着一份稳定的工作，可是对于自己在这种环境下的未来，他却感觉有些迷茫。每天机械地工作、下班，这种状态持续了很多年。一个偶然，他发现自己很喜欢做PPT，于是他在下班后花了不少时间学习、研究。

之后，他的PPT技术变得非常高超，甚至可以去给别的公司讲课，也可以完成更多的事情。有了这个底气，他对之前那份所谓的“铁饭碗”工作的依赖性也越来越低，因为他明白，自己的能力提升了，到哪儿都不会饿着。

很多时候你必须花心思投资自己，才能在未来收获更多。以十年的长度来看，没有什么是比投资自己更好的投资了。投资不仅仅指的是能换来金钱，那不过是身外之物，尽管我们生存确实需要，但不如我们的生命之美重要。想一想这个世界上所有的投资都有风险，假如有一天，你一败涂地了，什么东西能把这一切再重新赚回来呢？只有你自己，因为只有你才具备这个能力。

当我们把自己的人生观放大、放远，把投资自己、丰富生命变成一个延绵不绝的目标，我们就会发现生活少了很多枯燥的模样，生命却多了不少美丽的向往。如果你已经对现实有些失望、对自己的前途有些渺茫，那么就从现在开始吧，投资自己、丰富生命。既然现在开始不晚，既然时间这么公平，你想做什么，那就开始去做吧。时间会给你回馈，让你会成为更好的自己。

当你喊累的时候，还有人正努力前行

说到吃苦，虽然我们还是会痛彻心扉，却总是能刺激我们的神志清明、性灵觉醒，在“痛定思痛”之后，增强我们的内涵，修正我们的行为，这其实就是一种进步，一种成长。很多时候，我们不得不承认，那些优秀前辈的成功，取得的成绩，都来源于他们曾经吃过的苦，流过的泪，熬过的夜。正因为人家每一天都过得踏实，过得心安，所以也值得享有应该得到的一切美好与光芒。

L先生毕业后就一直从事与专业相关的工作，在这六年间，他已经做到了行业顶尖的位置，按理说，照这条路走下去，前途一定是光明的，但他总觉得这种活法未免太过顺利，而对传媒行业的热情始终敲打着他那颗按捺不住的心。

后来，L先生在他即将步入而立之年时，毅然放弃了当地优厚的生活条件，来到北京一家传媒界口碑最好的公司，决定从头开始，然而，他面对的第一个严峻问题，就是与刚刚毕业的90后一起并肩作战，并且拿着最底层的薪水。

但是这并未打垮L先生奋起直追的勇气，他自觉自己起步晚，不擅长写新闻稿，就把公司曾经的新闻稿都一个个地背熟；英文底子一般，就边查英文字典边熟悉客户资料；欠缺商业背景，就自学商业管理方面的书籍。

早年刚到北京的时候，他还没有车，而且当时的地铁也不是很发达，更到不了他住的那个离公司三十多公里的地方，于是L先生每天只好坐三趟公交车上下班。因为起步晚，用功就要比别人多，加班到深夜一两点更是不必说。

之后的几年间，L先生升职极快，赢得了越来越多客户的信任与赞赏，十年下来，累积了令人羡慕的生活和成就。

也许你认为自己也是个能吃苦的人，但是你能不能想象一下，在每一个寒冬的早晨，每一个夜深人静的小巷，每一个大雨滂沱的糟糕日子里，你会不会一如既往地坚持你的梦想？你能不能忍受得住你吃的苦？

* * * * *

生活中，很多人看到成功的人，总觉得人家是有天赋才做到今天的成绩。可是你却忘了每一个光鲜亮丽的今天，都有一个饱经风霜的曾经。

看了《杜拉拉升职记》，你就觉得外企真好，人人说着一口流利的英语，拿着让人眼红的薪水；看到一位做房地产的朋友，每天和有钱人出入高档场所，你就觉得做房地产好赚钱；看到一条妙不可言的广告，你就觉得做营销好潮，可以纵情挥洒自己的创意。

可是，你曾想过这些你眼红巴巴称之为梦想的状态，其实并非你看到的那样简单。别人所吃的苦，很可能是早就开始每天只睡五个小时；别人所吃的苦，很可能是只身一人远在他乡奋斗追梦；别人所吃的苦，很可能是为了一个好点子，在仅有的几天之内自学几十万字的材料，让自己从一个门外汉变成一个行家。

这些你羡慕到几乎要膜拜的成功人士很可能曾许多次摔倒在泥土里，甚至让别人从自己的身体上踩过去。但是只因为他们是敢于吃苦的人，所以才能够承担得起那种厚重的魅力，他们的一切也禁得起岁月的推敲。

*　　*　　*　　*　　*

人都想过好日子，但你得先有过好日子的能力。如果老天对你百般设障，请不要磨灭对自己的信心和奋斗的勇气。当你想要放弃时，一定要想想那些起得比你早、睡得比你晚、跑得比你卖力、天赋还比你高的成功者，他们早已在晨光中跑向那个你永远只能眺望的远方。那些看着别人的励志故事，就想着“我也要像他一样”去努力的人，永远也配不起自己所受的苦。

没有人的青春是在红地毯上走过，如果你为人生画出了一条很浅的吃苦底线，就请不要妄图跨越深邃的幸福极限。如果你梦想成为那个别人无法企及的自己，就应该选择一条属于自己的道路，付出别人无法企及的努力。

每个和自己较真的人，都值得被奖励

大三那年，H同学执意退学，一个人带着2000块钱来到北京。没有一技之长的他碍于面子不想做技术含量低的工作。在北京溜达了两个月之后，发现钱包里只剩下五块钱。那天晚上，H在地下室的出租屋里，纠结要不要给家人打电话求助。

第二天早上，H穿着带着霉味的衣服出门，用仅剩的几块钱买了馒头和一瓶水。吃完之后，一个人漫无目的地走着，累了，就在马路牙子上坐下来。此时，天色渐暗，也许是他穿得太破了，一个路人把空水瓶扔到他的脚边。

H突然意识到自己这20年，被荒废得如此彻底。内心里强烈的无助、委屈，与无能的愤怒不停地翻腾着。他一直盯着那个瓶子看，终于弯腰捡了起来。捡起第一个，后面的就轻松多了。

那一晚，H竟然捡了满满两大袋子的瓶子。正好他住的出租屋旁边就是一个垃圾回收站，他收获了80块钱。那天晚上，H握着这80块钱，在被窝里哭得稀里哗啦。他怎么都没有想到，当他毅然决然到外面的世界闯一闯的时候，第一笔收入靠的竟是“拾破烂”。

一个月后，H跟着一起住在地下室的男孩送快递。两个月后，他找了一份送外卖的工作，下了班就在灯光下看书。几个月后，H被经理调到了办公室打杂。因为他勤奋好学，领悟力又强，做了经理的助理。再后来，H重新回学校完成了学业，毕业后，他从事互联网工作，事业做得风生水起。

H的经历可能一点都不好玩，很多人也可能不理解他为什么要把自己逼到这么无助的境地。不过，谁都会遇到倒霉事，你的任务是想办法把坏事变成好事。不管处境多么狼狈，也不用害怕，因为一个人的潜能很大，只是我们在绝望的时候才想起来去挖掘。生活不会平白无故给你想要的，也许在磕磕绊绊之后，才能看清楚，所有的磨难，也是一种历练，是我们变得更好的机会。如果不是那段时间的落魄，H很可能还是跟同龄人一样混日子，眼高手低，当然也不会有现在的心智和能力。

遗憾的是，我们常常得过且过，从来都没有认真想过为自己日后生活储备点什么。我们总是喜欢多想，喜欢给自己假定这样或者那样的困难，然后自己吓自己，这样不行，那样也不行。

当我们总是想得太多的时候，反而会成为我们的禁锢，让自己无路可走。这世间从来不会无路可走，既然逃无可逃，何不死磕到底。我想，总会有一条路能带我们走向最想去的地方。

* * * * *

在大城市熙熙攘攘的人群中，Z姑娘就是这样一个人。大学时，Z姑娘不止一次地跟最知心的舍友说："我一定要在毕业后两年之内让我爸妈住上新房子。"舍友一直以为她只是说说而已，因为本科毕业生两年的工资相比新房首付，简直就是杯水车薪。没想到两年后，她竟真的兑现了自己的承诺。

Z姑娘还在念初中的时候，她的父亲就因脑梗死瘫痪在床，母亲为了照顾父亲，不得不辞了工作，这让原本就是低保户的家境更加雪上加霜。从那之后，Z姑娘就再也没花过父母的钱。她从重点中学转到普通中学，因为那所学校不仅不收她学费还发了足够她生活的奖学金。上大学后，她又申请了助学贷款，有时间就去打工。从每小时30元的家教到自己做各种各样的小生意。不可想象的是，即便如此，也没有耽误她当学生会副主席，成为全院学生人人钦佩的"厉害的人"。

Z姑娘过得如此拼命、如此辛苦，却从未听过她一句怨言。她只是偶尔会说："其实我也羡慕那些能无忧无虑长大的人，但是没办法，我有责任。”所以大学四年，她不仅没向父母要过一分钱，每年还会交给他们几千块。

毕业之后，Z姑娘被一家知名房地产公司录用，由于业绩突出，工资节节高升，两年后，她开心地告诉父母：“我们要住进新房子啦！”

很多和Z姑娘一样的年轻人，没有名校光环，没有倾城容貌，也没有只手遮天的父亲， 在芸芸众生中，他们都是那么普通的人，虽然在自己选择的道路上踽踽独行，但是仍然一步一步前往那个最想去的终点，最终活出了最好的自己。

* * * * *

人们常常只看到自己愿意看到的美好事实，而不太在意人家成功之前的悲催经历。命运早年给出的短板，最终让你原本沉没在底部的才华横溢出来，焕发出你自己也意想不到的光彩。人生如此丰富，岂能用输赢一语概括？所以，我们才会有机会见到那些曾经不怎么样或挺倒霉的人，经年不见，厚积薄发，过得挺好。有时候，我们必须坠入黑暗的深渊中，才会发现光明。很多时候就是这样，路在越走越宽之前，恰好是因为无路可走。

没有退路时，往哪走都是前进的方向

这些年，朋友A混得不算好，事业、爱情没有一样是顺利的。如今，他整天浑浑噩噩，活一天算一天，甚是颓废。其实，每次他有一个决定的时候，都会给自己留后路。所以，他就不会使出全部的力量去完成既定的目标。

很多人常常因为不自信，害怕失败之后无法收拾局面，所以在出发之前假定了一些其他的方案，这样的方案被他们定义为“退路”。这样做无疑是好的，但是为自己准备退路的同时其实就是在后退，这种人立志不坚，把精力和时间投入退缩的准备上，甚至在挫折还没有到来之前，他们就开始庸人自扰，彷徨失措。当困难一个接一个到来时，他们就一步接一步后退，最后他们终将无路可退。

现实生活中，这样的人很多，他们总是希望有一番成就和作为，但是他们意志薄弱，没有必胜的决心，不敢破釜沉舟；他们做事左摇右摆，没有坚定的信念，一遇到挫折和困难，马上又缩了回去。失败，不是因为困难太大，而是因为退路太多。

* * * * *

其实这世上从来就没有“退路”一说。昨天的时光已经过去，成为永恒的历史，只能在历史的曾经里，留下一点记忆在你的心底。我们常说要给自己留条“后路”，那不是用来“退”的，只是重新开始另一条路而已。因此，站在时间是永远前进的理论基础之上，这世上根本就不存在“退路”。

反倒是不给自己留后路的人，方能竭尽全力，锐意进取，就算遇到千万困难，也不会退缩，因为回头也没有路了，不如不顾一切地前进，还能找到一线希望。生活坏到一定程度就会好起来，因为它无法更坏。没有退路的时候，正是潜力发挥最大的时候。如果我们身后无退路了，就试着把眼前的路走顺。只要坚持，不留退路，老天自会帮你。

* * * * *

其实，很多时候人就得逼自己一下，不要觉得还有后路。而是要时刻告诉自己，已经没有退路了，必须要闯出一条路来。有了这样一种“拼命”和“豁出去”的信念，才能彻彻底底地消除心中的恐惧、犹豫、胆怯，到最后自然能“置之死地而后生”。

所以，永远不要走到自己的退路上去，就算有一天迫不得已，真的走到了自己的退路上去，也希望你是拼尽了全力，真的是没有其他选择了。如果不是这样的话，走上退路的你，迟早有一天会后悔，后悔自己当初不够坚持，后悔自己当初不够拼命。为了日后的你不再后悔，请你一定不要给自己太多的退路。

在这个善变的世界里，处处都充满着考验，如果有一天你觉得快要撑不住了，想往后退时，千万别回头，请咬咬牙再向前走一步，说不准，不顺的路，就会渐渐地变顺，那时你会发现朝阳就在前方。

成功者根本没有告诉你故事的全部

在一本有关自我成长和生活智慧的畅销书中，一位作家曾这样说过："卓越，不是一种技巧，而是一种态度。"

时下，在不少作家的写作内容或是其不同场合所分享的生活经验中，我们总会听到这样一个词——"态度"。其实，这位作家之所以会发这样的感慨，也是有其缘由的。

因为在这位作家几十年的生命历程中，有过两次和"态度"有关，甚至是令人刻骨铭心的痛楚和觉醒经验，从而促使她用一种更加深刻的心情去看待它。

*　*　*　*　*

第一次经验是作家刚上大学的时候。那天，她正在街头等公交车去上学，身旁站着一位金发碧眼的年轻男老外。大概是等车的时间有点长，这位老外为了打发时间，因此转头问她读的是哪个科系。

当时，她还不太有经验和老外直接对话，紧张得完全记不得自己的科系用英文该怎么说，因此结结巴巴了半天，也没有答上来。

没有想到的是，就在她满脸通红、结结巴巴的时候，她突然感觉到男老外居然用十分鄙夷的眼光和脸色斜眼看着自己，并冷冷地撂下一句："你确定你是大学生吗？！"还没等她回过神，男老外就转过头去，不再瞧她一眼。

自从发生了这件事，她就发誓一定要好好学口语。但那时作家还没有领悟并学到"态度"的真正含义。

*　*　*　*　*

第二次经验发生在巴黎，在她看来，这段旧事未免有些惨痛。

她在巴黎的那段时间，为了省下地铁钱，每天都背着大大的书包走三站地往返学校和住处。在通往学校的路上有一排精致的小店，每天她都要恋恋不舍地背着书包，浏览商店的橱窗，就这样，不知不觉就到了，也不觉得路途有多远。在那排精致的小店中，有一间服装店尤为特别，对于当时像她一样手头拮据的穷学生来说，每天"瞻仰"这些服装店里漂亮的橱窗和里面陈列的衣服，就是她们一个个小小的虚荣梦想。

有天早上，在去学校的路上，她惊喜地发现在这家服装店的橱窗里挂出了换季打三折的告示，当时她就想，也许下课回来的路上可以进去看看。想必很多女性朋友都有过这样的经历，尽管此前每天都要经过，可从来没敢走进去过。

那天下午，她终于走进了这间特别的小店。小店里除了左右两排吊挂的衣服之外，店中央还摆了两个堆满衣服的推车，许多人已经在那里挑选并试穿衣服。

只见，她怯怯地走近推车，怯怯地翻看价格吊牌，又怯怯地拿起一条长裙，并且怯怯地询问店员自己可不可以试穿？

其实，那条长裙并不适合她，于是，她又拿起了另外一条，可还是不合身，就在她从推车里准备翻找第三条时，那位法国女售货员竟当着众人的面，挡住了她的手，冷冰冰地说："你不可以再试穿了！"

那一刻，她只觉得全身的血液都涌到了脸上，全身因羞辱而轻微地颤抖起来，紧跟着，就是一阵晕眩，最后，她慌乱地从收银台旁边的饰品架上取了一串项链，几乎是以"玉石俱焚"的心情，花了100法郎买下了它，然后几乎是脚不着地地逃离了那家小店。

在她一路跑回住处的路上，灰蒙蒙的天空还下着毛毛细雨，满脑子里装满了伤痛和羞辱。当天晚上，她待自己心情稍微平复之后，躺在床上强迫自己回想发生的一切，强迫自己找出问题的原因：“为什么别人可以一再试穿，而我却不能？为什么店员敢用这种态度来对待我？”

最后，她终于想明白了，是她“允许”对方这么对待自己的。这一切都是因为她的态度、她的神情、她的举止，告诉对方：“你可以欺负我！”

这件事情发生之后，她开始学习并慢慢地变得坚强起来，她从疼痛中学会相信自己和肯定自己，也明白了在平衡的人际关系中得先学会取悦自己再取悦别人。此外，她还从自己所受的羞辱里，学会如何宽厚待人，因为她明白了这样一个道理：态度决定高度，它不仅传递了你将怎么对待你周围的人，也传递了希望周围的人如何对待你。

这个故事的主人公就是深受知性女性读者喜爱的作家——金韵蓉，她诚挚地希望以自己这段刻骨铭心的经历，能为女性朋友带来这样的启发——“卓越，不是一种技巧，而是一种态度”。

不是别人不讲理，只是我们把自己放得太低

很多时候，你不是输给了自己的对手，而是输给了自己。一个能战胜自己的人，没有什么是他不能战胜的。道理，是很浅显的。当你明白这个道理的时候，接下来就应该知道该做什么。如果你想在自己所在的圈子有所成就，那么就需要立刻提升自己的能力，让实力说话。

小V是个工作能力还不错，而且踏实肯干的姑娘，但不知怎么回事，就是和上司不在一个频道上。上司布置一些任务，小V也会去完成，但在完成的过程中总能听到一两句牢骚话，而其最大的危害在于对工作氛围的破坏。

矛盾的集中爆发，是因为年度预算的分配问题，小V总认为上司给她部门分配的预算太少，不合理，让上司给个说法，上司解释说是根据去年的完成情况和今年的指标情况来分配的

预算，小V就让上司公开去年指标完成以及今年指标的所有数据，并逐条解释清楚，上司怒发冲冠地拍了桌子，令人意想不到的是，小V竟然也横眉冷对地拍了桌子，一场会议就这样尴尬地收场了。

后来，小V被调离了所在的城市，职业发展也受到影响。

* * * * *

再来看一个故事。

小P毕业后进了一家大型国企工作，因为国企是论资排辈的地方，再加上刚毕业的小P身上还保留着一些学生的稚气，所以小P刚去部门的时候，并不受领导的待见，但是小P勤快，还有一副热心肠，端茶端水自然不用说，平时同事有些什么小忙，小P总是能帮尽量帮，即便如此，小P还是从侧面得知领导对她的评价并不高，但小P并不把这些放在心上，而是继续做好自己该做的事，同时努力提高业务水平。

就这样，一年半过去了，小P因为业务上的优秀表现，升了职，又过了一年，小P第二次升职，这时小P已经成了老领导的上司，并和老领导变成了很要好的朋友。

* * * * *

之所以分享这几个故事，是因为对很多人而言，它们并不是故事，而是生活本身，它们就像一枚硬币的正反面，共同诠释着真实生活本身的样子。我们很难武断地说，对于小V和小P而言，生活这枚硬币，到底是正面好还是反面好，因为生活好比一份考卷，每个人都不过是在努力而认真地给出属于自己的答案，然而，它并没有什么标准答案。但是如果抛开价值选择的因素，有一点却是显而易见的：即便别人对你不讲理，如果你有足够的实力，你依然可以得到自己想要的生活。

*　　*　　*　　*　　*

让我们转身想一想：

如果你的业绩不出众，而你去怪你的同事不讲理、不配合，又有什么用？不如想一想如何提升自己的能力，让自己更有竞争力，这才是王道。

如果你和男朋友吵架了，而你又一味地怪怨他不讲理、不体贴你，又有什么用？不如想一想如何改变自己的沟通方式，让别人更容易接受，这样反而更有助于关系的亲密。

虽然我们不能改变别人，但是我们可以改变自己。虽然我们管不了别人的嘴，但是可以掌控自己的脚。就算世界并不明亮，如果你努力发光，让自身的光芒越来越亮，也终将会照亮你身边的世界，并让别人看到你。所以，请停止抱怨与指责，去成为那个发光的人吧。你要相信，将来的你一定会感谢现在拼命努力的你。

所有的痛苦无不是捎带着礼物而来的

生活中，很多人都会反复强调自己究竟有多痛苦。引发他们痛苦的根源可能是亲人的离世，也可能是恋人的离开，总之这些经历让他们感觉到不舒适，甚至无法面对现在的生活。

当痛苦来临的时候，很多人的第一反应往往是想尽各种办法逃离，因为这毕竟不是什么太好的人生体验，或是选择喝酒，或是选择睡觉，或是找一些莫名其妙的理由向周围的人发泄，再或者一味地沉浸在过去的美好回忆中无法自拔。

但是，我们逃避之后，这件事情就真的过去了吗？发泄之后，我们的生活是不是就真的瞬间恢复到了什么都没有发生之前的样子呢？答案当然是否定的。短暂地逃避只会让我们在麻醉之后醒来的日子里更加空虚，更加无所适从。

*　*　*　*　*

有一位女士，老公在三年前的一场车祸中不幸去世，而当时她刚刚怀上宝宝，这样的事情对她而言，无疑是晴天霹雳。但是，因为有了宝宝，所以身边的人都劝她，不要太悲伤，要为孩子想想。

可是，这样的事情对她的打击实在是太大了，要想做到不悲伤谈何容易。但是，也许她也是为了孩子好，所以选择了逃避。她每天做饭都会给丈夫做一份，到了吃饭的时间，就会给他打电话、发信息，晚上也会坐在沙发上，自言自语。大家看着她安安静静地生活，也没有人去提醒她，她的丈夫已经去世的事实。

可是，等到孩子出生后，她就像突然清醒了一样，每天睡醒了就号啕大哭，不仅不给孩子喂奶，甚至连看孩子一眼都不愿意。后来，家人实在没有办法，只好向专业的心理咨询师求助。

这种情况比较特殊，很多人并不会有机会体会类似的经历。但是如果当时她没有为了孩子而压抑自己的情绪，没有选择逃避，而是勇敢地面对丈夫去世的事实，一切也许不会是这样的结局。

其实痛苦本身也是一个信号，是在告诉我们，问题发生了，我们就应该去改变。所以，如果我们真的想要消除这些痛苦，要做的第一件事情就是接受，直面我们的痛苦，然后再想办法去适应，去解决。

*　　*　　*　　*　　*

人生中，每个人都会经历非常难熬的时期，而最辛苦的日子就是你一生中最美妙的日子，因为它塑造了一个更好的你。一个人若能接受命运及其所附加的一切痛苦，即使处在最恶劣的环境中，也能深切明白自己人生苦难的意义，从苦难的烈火中重生，让自己的人生变得熠熠生辉。那些配得上自己所受的苦的人，最终有一天会让苦水变甜。

有一位女士，她的儿子四岁的时候被诊断出患有自闭症。经历过悲伤和绝望之后，她接受了自己悲剧性的人生真相，并选择了更有意义的人生。

二十多年后，她创造了一个传奇：儿子以优异的成绩毕业于澳门大学，之后又考入香港大学读研究生。而她，创办了目前国内最大的自闭症儿童康复机构，为千万个自闭症孩子及家庭带来了福音。她就是方静，她的儿子叫石头，她的机构叫以琳。以琳取之于《圣经》，意为苦水变甜。

很多时候，不管我们是否接受，痛苦都是我们的一部分，我们可以选择忽视，掩盖，但是它依旧真真切切地在那里，无法逃避。如果只是一味地努力降低痛苦、逃避痛苦，那就是在逃避问题，这并不利于心灵的成长。

*　　*　　*　　*　　*

每个人都会遭遇痛苦，在痛苦的这条路上，你绝对不是孤单前行，也许别人的痛苦在你看来，根本不是问题，但是每个人对于事物的承受力和理解力是不一样的，所以你看起来的小事儿对于别人来讲就已经是天塌地陷了。所以，根本没有谁是天底下最不幸的人，你也更不必因为这个而加深自己的痛苦。

经历过痛苦的人会知道，痛苦是一份礼物。打开礼物的盒子，就像打开了一扇门，通过这扇门，你通向的是未知的、更好的自己。

失败了，也有失败的态度

毕业时间不久或者刚毕业的创业失败者，比比皆是，可是后来的结局是，有的取得了很高的成就，有的则日趋萎靡。为何会如此大相径庭呢?

有这样一个故事。

两个大学同学，我们暂且称他们为A先生和B先生。大学毕业后，都顺利地进入了企业，开始了朝九晚五的生活。跟很多年轻人一样，A先生也有一颗折腾的心。工作两年后，有了自己创业的想法。于是，他找到了B先生。此时，B先生正面临着工作上的种种不顺，也想自己做点事，便与A先生一拍即合。

创业的想法虽然很美好，但是现实往往非常残酷。创业没多久，由于经验不足、准备不足、资金不足等一系列问题，他们的小公司可谓举步维艰。

当有人问起A先生的工作时，A先生总是会充满激情地告诉别人自己正在进行一项事业，虽然遇到了困难和挫折，但是自己很有信心。

而当有人问起B先生的工作时，B先生总是沮丧地告诉别人，因为找不到更好的工作才选择创业，这和失业也差不多，并且询问别人，是否有更好的工作机会可以介绍。

经过了一年多的挣扎，两个人的小公司还是走向了末路。之后，A先生和B先生又回到了职场。不过，两个人的差距却在一点一点地拉大。

A先生进了一家外企，步步高升，几年后又再度创业，虽然也经历了一些曲折，但很快就一一克服，并最终做成了一家颇有规模的企业。B先生则没有这么幸运了，他之后做的很多事情都是浅尝辄止，草草收场，虽然在几家公司工作过，自己也曾再度创业，但每次都以失败告终。

* * * * *

许多人常年饱受情绪之苦，喜怒无常，皆是因为他们习惯用消极的语言自我暗示。当他们站在镜子前时，一个声音会对他们说："看看你脸上的皱纹，还有你肚子上的赘肉，永远也减不掉了。"当他们走在大街上时，一个声音会对他们说："为什么你没有别人那么好的身材？为什么你没有钱买你想要的衣服？”当他们看见情侣亲热地走在一起时，也会难过自怜：“为什么没有人喜欢我？我这辈子注定要孤独一生，找不到结婚的对象吗？”

或许你不再年轻，没有一副好身材，过着拮据的日子，但是请你别再选择用失败者的态度对待自己，否则时间长了，你真的会相信那就是事实，你的自信会丧失，你会被自己打得遍体鳞伤，而别人眼中的你更是颓废平庸。

A先生无论是创业还是打工，始终坚信无论做什么事都是为自己做的，而不是为别人。创业时，每一次失利都是为将来的成功积累经验。长此以往，未来的成功似乎就是一种必然。而B先生则将工作看成一种混日子，随波逐流，没有一点儿为自己工作的想法。这样的员工，无论是工作还是创业，失败必然是一种大概率事件。

* * * * *

每个人都该为自己的人生负责，虽然你的每次选择和决定不一定都是正确的，但至少每次经历都不应该被遗忘，即使是最糟糕的经历，也要吸取一定的教训。

一个人最大的失败，不在于工作或生活中的得失，而在于信心与信念的缺失，如果你对自己都没有信心，又岂能奢望别人的高看。在这个世界，每个人的人生都是独一无二的，任何时候，都不要看轻自己，即使周围所有的人都在看轻你。只要做好了自己，做成了想要的自己，你就是一个成功者。

PART 06

生活是自己的，选择怎样的生活态度，并非因为有什么标准，仅仅只是因为自己喜欢。给生命多一点惊喜，做最想成为的自己。

世界的美好，等着我们去探索

再忙，也不要丢掉你自己

G先生从事幕后编辑的工作，平时喜欢旅游，只要有时间就会到处走走看看。为此，每到假期他都会把自己的小生活安排得满满当当，或跟团走，或做独行侠，说走就走，从不拖泥带水。

几年下来，G先生遍游了祖国的山川大江，还时不时踏出国门，领略一番异国风土文化。用G先生自己的话说，既满足了旅游的兴趣，又增长了见识，开阔了眼界，丰富了人生。可以说，G先生有着明确的生活观念，生活过得丰满，有滋有味，让人羡慕不已。

H小姐恐怕是你见过的最用功、踏实、努力的同事。虽然很多时候你也很用功、很努力，但相比她来讲，或许还会自愧不如。所有工作之外的时间和节假日她都用来加班，写新闻稿，写报告。每次吃饭时间，她也都得聊点进步成长、未来规划、人生意义什么的，否则就会内心有愧，白白耽误了这段宝贵的时间。

可以说，工作就是一切，工作就是她的命。

还记得那首歌《我想去桂林》吗？讲的是时间和金钱的矛盾，有时间的时候差钱，不差钱的时候没时间，总之，桂林就是很多人心中遥遥无期的一个梦。现如今，想去桂林差钱的情况恐怕不多了，差决心倒是个问题。也有人时间和钱都不差，也不是决心的问题，而是从来没有好好审视一下工作、生活的关系，一个人不知道应该怎样支配自己的生活，简直是一件悲催的事。

* * * * *

每个人能来到这个世界，都是莫大的幸运，这个机会就和中了头彩差不多，我们应该善待这种幸运。快乐生活才是人生目的，工作只是一种手段，除非你的工作就是你的最大乐趣，否则只沉迷于工作，而忽略自己的健康、快乐、生活，就是一种对生命的不够尊重。

万科集团创始人王石在一次记者采访中这样说道："我不认为工作狂是值得夸奖的，所谓的工作狂，说的就是那些放弃生活而拼命工作的人。严格来说，这并不是什么值得炫耀或是称赞的事。这也是中国人与西方人的差距所在，中国人只会工作，而西方人则很会生活。"

"就我自身而言，上班时，我会一心一意地工作；下班后，我则会充分享受高品质的生活，休息时候绝对不去想工作。只有休息好了，工作起来才会干劲十足。”很多时候，能平衡好生活和工作的人，才能让自己在任何状态和环境下都展现出自己最美好的一面。

* * * * *

而一个业余爱好不仅可以让你在忙碌的工作中有个放松的机会，还能延伸你的不同能力，更重要的是，当你慢慢成熟就会发现，职场里的一切并不是100%能够回报你的付出，能影响这一切的因素实在是太多太多。那个时候，倘若你从高位掉落，还没有点别的什么支撑自己，你真的会有一无所有的感觉。

比如，如果你平时有写东西的爱好，那么即便遇到坚持不下去的时候，总还能自我安慰：没关系，我还可以写字，我还会写点东西，哪怕不要这个工作了我还可以写字赚钱，还有一个让自己感到有存在感和成就感的本事。

柏邦妮说过，你必须找到除了爱情之外，能够让你用双脚坚强站立的东西。其实，我们还需要找到除了工作之外，能让我们感受到自己存在的东西。这个东西可能是爱好，可能是习惯，甚至是任何东西，这样当我们感到难过和失落的时候，甚至丢掉工作的时候，它还能抚慰我们的心灵，让我们有勇气对自己说“没关系”。

生活要么大胆尝试，要么什么都不是

你有没有这样的体验：日复一日什么都不思考、什么也不去想，只是一味重复昨天的生活。上下班堵车，用同样的方式来到公司上班，看着太阳日复一日慢慢流走……虽然心里总是壮志满满，“我要燃烧着，我要改变着”，可是狠下心与过去告别时，还是如同机械般熬过程序化的每一天，重复与厌倦攀缘而上，日子也仿佛停滞不前，恐怕没有比这更无聊、更累人的生活了。

生活就像单曲循环，大多数时间都是平淡无趣又充满匆忙的焦躁，当你一千遍一万遍地审视连自己都觉得糟糕透顶的生活时，你会如何与它对话呢？试着问问你自己，是去选择重复过去浑浑噩噩的生活呢，还是主动一点悄悄改变和提升自己呢？这世界上没有一种生活方式是需要被质疑的，如果你是一个有梦想的人，不妨尝试着去过一过自己真正想要的生活。活着就应该不断地刷新自己的极限，做更让自己满意的事情。过一段肆无忌惮的生活，哪怕年龄越来越大，这很重要。

*　　*　　*　　*　　*

都说一个人最大的敌人是自己，但我认为，最大的敌人，其实是“懒惰”。当你试着去掉一些不重要的东西，添进一些能增加生活味道的东西，就能一点点地构筑起生活的乐趣了。找到生活的情趣是对生活的尊重，也能让我们发现其中一些被遗忘的快乐。而这些快乐，与财富的多少并无太大的关联。

王小波曾说：“一个人只拥有此生此世是不够的，他还应该拥有诗意的世界。”过这种诗意的生活并不是矫情，而是在庸常的生活里让自己带一点格调与品位做事。你梦想的生活，你想去的地方，几乎都在这个星球上，只要你开始行动，你就会跟他们不期而遇。生活过得有趣了，你才不会活得粗糙。

现在，我会非常理解那些在进行了长期旅行之后从此改变了人生轨迹的人，因为只有当一个人完全脱去束缚，充分享受生活的时候，才知道什么是真正触动和抓住他的，才知道什么是自己真正想要的，也许你其实是个天生的艺术家、文字狂人、骑行者、古文物收藏达人等等。

* * * * *

也许有人要问，好端端的，为什么要去寻找这种感觉？这样的生活多累啊。如果你的人生态度是保持渴望，又怎么会觉得累呢？这一切正是你无比渴望的，你连回头的念头都不会闪过，脑子里只想着一路向前，去感受，去拥抱，去探索，哪怕前方是痛苦与孤独。

纵观身边活得精彩之人，无一不是不断刷新自己的人。他们不满足于现状，总是想办法提升自己。他们把自己的生活经营到了极致，忙碌着，也快乐着。当你把生命的目标定位在努力获得积极体验上，你的幸福人生之路自然会变得宽广了，而且富足的生命本应当拥有种类相异的体验。

可惜的是，很多人常常把自我怀疑当成了自我保护，最终走上了那条小心翼翼计算过的路，自以为万无一失，却错失了人生中的许多壮丽风景。不试着过一过自己想要的生活，你又怎么判定它就行不通呢？

就算成不了传奇，但至少对自己有过交代

这个世界没有谁是普通人，就算外表看上去多么的云淡风轻，但是隐藏在背后的精彩远远超出你的想象数倍。或许再平凡的你，也可以讲出不平凡的故事。

摄影与生俱来的一项重要功能就是传播，而薇薇安·迈尔却将其毕生拍摄的影像隐匿于皮箱之中秘而不宣。薇薇安·迈尔究竟是怎样一个女人？她又过着怎样的生活呢？

将时间的指针往前拨，薇薇安·迈尔最多只是一位摄影爱好者。要知道她生前的职业是保姆，在整整40年的时间里，她默默无闻地在不同的家庭中做着保姆的工作，只有在空闲的时候，她才会拿着柯达布朗尼盒式相机在街上捕捉各种城市的影像，建筑和人物都是她所想记录下来的事物。直到2007年，一个地产经纪人在跳蚤市场上发现了她拍的大量胶片，才知道世上曾经活过一

个富有才华的女保姆，她隐秘的一生中，用摄影抵抗了琐碎的生活。在薇薇安·迈尔的一系列作品中，总能在行人匆匆的步伐中看到最真切的生活，没有绚丽，没有富裕，有的是那一份对未知一切的渴望，以及繁华都市的温度。

她没有学过一天的摄影，完全是用自己最直接的感受去创造，记录的都是普通人的瞬间，玩闹的儿童、独孤的行者、依偎在一起的老人……在她的镜头下，每个人都是神圣不可侵犯的灵魂，每个人都得到了充分的尊重。而薇薇安·迈尔也带着这个巨大的秘密，过完了她孤独且精彩的一生。

有人说，薇薇安的一生怀才不遇，为此替她惋惜，其实大可不必，否则这世界就少了一个传奇，况且她的初心肯定不是为了扬名立万，引人侧目。有些人一开始就知道自己的天分，有些人一辈子也浑然不知。不是世间所有的才华都要有人欣赏，也不是所有的热爱都要虚张声势。沉默并不代表平庸，反倒是怀揣着秘密静静地生活，才能活得自由而开阔。

在这个世界上，有很多不为人知的故事，如果你独具慧眼，就会发现其实每个人的身上都有不一样的闪光点。而我们每时每刻都会和各种有趣的人打着交道，所以永远也不要低估任何一个人，因为这个世界上没有谁是普通人。

做个有趣的人，不要给自己的生命设限

网络上有这样一个热门提问：“如何做一个有趣的人？”而将近数万的关注度让人不禁感叹，在朝九晚五疲于奔命的生活中，“有趣”真是一件了不起的事啊。

每个人的生活都曾经很有趣，至少在某一段时间很有趣，但任何事物都有其发展的规律和周期，长时间的平静会让人变得压抑，长时间的重复会让生活变得没有生气，但我们总想做个有趣的人，过有趣的生活，做有意义的事，说白了，就是好好活一场。

然而，纵观周围的许多人，早早就没了追求，活着如同行尸走肉。“我没有一个兴趣爱好，工作之余，除了睡大觉，就不知道干什么，感觉生活好无聊。”也有一些人看到别人过得精彩纷呈就艳羡不已，埋怨自己没有天赋。其实，你活着无趣，不过是因为你懒。没有人生来就天赋异禀，多数是在后天慢慢发掘的。

借用《约翰·克利斯朵夫》里的一段话："大半的人在20岁或30岁时就死了。一过这个年龄，他们只变了自己的影子。以后的生命不过是用来模仿自己，把以前所说的、所做的、所想的，一天天地重复，而且重复的方式越来越机械。"生命之所以精彩，就因为它有无限的可塑性和未知性。生而为人，不求分分秒秒都在成长，但绝不能年纪轻轻就止步不前。

*　　*　　*　　*　　*

生活中，就有这样一些人，他们是万绿丛中的一点红，轻易就能成为主角。

松浦弥太郎，可以说是一个懂生活、有趣的男人。他常说："随波逐流才是最糟糕的活法。"于他而言，每个周末傍晚外出购物时，一定会绕到花店买一枝小花回家。有漂亮的鲜花庆祝一周的开始，心情也会愉悦起来。他会偶尔买一盒市面上少见的定制点心，跟来访的朋友一起分享酥脆香甜的幸福感；就算一个人在家吃饭，也会用材质上等的便当盒，情趣十足不说，食物也变得更美味……

*　　*　　*　　*　　*

有一位年轻的女老师，教体育。业余时间喜欢捧着一本杂志，名字有点偏，叫《发动机原理》。看得认真时，还会时不时地在上面写写画画，显然她是在记笔记。

一位新来的同事问女老师："你对这个感兴趣啊？"

女老师说："还行吧，主要是自己开车，出了毛病不至于手忙脚乱。"

同事心想：什么车啊？这么容易出毛病。后来才知道，她开的全是二手车，几乎一年就得换一辆，为此她知道去哪儿卖车、买车；什么样的车能买，什么样的车绝对不能碰；卖的时候，怎么才能不赔钱，反倒还能挣钱。

同事越听越觉得有意思，反过来一想，又觉得这么折腾实在是太麻烦了。女老师却说："这有什么麻烦啊？上班不麻烦吗？吃饭不麻烦吗？"

同事就笑了，这道理挺对的，什么不麻烦呀？

的确，活着本身就挺麻烦的。不过你要是真的觉得麻烦，分分钟都有麻烦的事。你要是觉得很享受，麻烦也就不是麻烦了。

两个人聊完了车，又聊到了咖啡。同事本来以为这位体育老师对咖啡是个外行，至少没他懂行，可她说，她学过拉花，做得还不错，并且她还知道一些很牛的咖啡馆都在什么地方，那里面的咖啡做得绝对地道。

这些人有趣吗？当然有趣了。可是有趣有什么好处呢？对于旁人来说，有趣的人好比一个能量场，周围人会不由得想亲近他们，和他们聊天，和他们相处。对有趣的人自己来说，生活是丰富充盈的，而这一切又得益于你的心是自由的。不要小看自由这个东西，它可是一切的根本。

*　　*　　*　　*　　*

我们都期待明天的美好，可是美好的明天却是由无数个精彩的今天组成的。有所好，心就有了寄托。更重要的是，可以让我们的精神丰盈，活出不一样的自己。

这世上有两种人，一种活得聪明，另一种活得明白，第一种人往往很成功，第二种人往往很快乐。年轻时我们都向往成功，不觉得快乐有多重要。可是，或许快乐才是那个艰难的部分。

过有激情的人生

当我们偶尔对自己产生怀疑，慨叹人生、困惑无助时，当我们回顾那些畏惧、退缩与放弃时，往往会发现自己缺少的其实是一种内在的支撑。抬头看看那些为我们所仰慕的人生赢家、幸福的人，他们往往有着强大的内心、光芒四射的生命激情。

心理学告诉我们，一个人生命的激情来自于自在的力量。当你寻找到自己内在的力量，不断滋养、壮大它，生命便迸发出澎湃的激情，并创造无限可能。一个有激情的人，永远像孩子一般，兴奋地、执着地、勇敢地奔向目标。激情使生命燃烧，能产生出超然的能量。如果说欲望是生命的动力，那么，激情则可点燃生命的动力。

*　*　*　*　*

然而，很多人并不缺少欲望，但缺少激情。不少上了40岁的人，总是觉得自己年纪大了，认为自己失去了青春，失去了一切。他们常常会缺少激情，人未老心已衰，在气势上就已经输给了别人一大半。

人最可怕的是没有目标，没有激情。没有激情的人是枯萎的，甚至是可悲的。即使为了一件衣服，也好过麻木、沉闷的状态。而充满激情的生活能使我们的生命力长盛不衰。那些对新鲜事物保持着兴奋和好奇的人，他们不仅外表看起来比实际年龄年轻许多，表现出来的心态也更年轻。在他们身上有一个相同的特性，就是常常保持着一颗孩童般的心——兴奋、爱玩、爱笑、爱感动。

人的青春一如人的感官，也是用进废退。你经常迸发激情，就能保持和升华激情。越是有激情的人，越有活力和动力，也越活越有滋味。即使你只有20岁，但如果没有激情，你的生命同样显得粗糙干枯。

生活中的激情来自于行动和实践。如果你没有尝试过滑雪，你怎么会喜欢上滑雪？如果你从来没有听过一场摇滚，你又怎么会迷恋上摇滚？为此，你可以大胆地去尝试一些你一直想做却未做的事情。从一次次的实践中，你终究会找到生活的激情。

找到生活的激情并不是说你应该非常清楚你下一步该干什

么，下一步的结果是什么。生活不会这么简单，相反，生活总是充满了迷惑和未知。我们没法完全地控制自己的生活，我们所能做的就是尽己所能，选择对的方向。做你认为对的和感兴趣的事情，然后尽力地坚持下去。当你带着目标追求你的挚爱时，你会发现你的生活慢慢地被激情所环绕。

* * * * *

也许又有人质疑了，“就算知道自己的挚爱又有何用？人生很多无奈，难道要我抛弃责任，去任性地唱歌跳舞？”当然不是，你可以继续工作，但同时开始做自己喜欢的事情，你只要平衡好两者之间的关系。

不过，对于一个骨子里就悲观的人，也许无论做多少次实践，还是找不到自己的挚爱。此时，最应该调整的，或许是你自己的心。正是你的这种过于焦躁的态度阻碍了你找到属于自己的兴趣和激情。只有当你变成一个骨子里真正快乐的人，才是正解。

每个人都要有一颗童心

每个人都有童年的记忆，但很少有人记得自己曾经是个孩子，更别提用童心去看世界。然而，人类最好的品质都是在孩子身上。一切有生命力的东西，都是童心的驱使。在哈佛情商课中，就将可贵的童心作为一个人最难得的品质之一。有童心的人是可爱的，他的纯真性情总是给人一种安全和可信赖之感。而他也会因为这颗孩子般的纯真、善良和带着梦想的心为自己带来很多学历、地位、金钱所不能及的幸福感。

孩子们遇到开心的事情会笑，遇到悲伤的事情会哭，他们从来不会去介意周围世界的反应，他们只是在表达自己的情绪。相反，成人的世界就不一样，你可能渴望被别人理解，但你却不能自如地表达自己的情感，因为你会有很多顾虑。不妨像孩子们一样，在适当的时候为心灵打开枷锁，认同自己、喜欢自己、欣赏自己，从而快乐自己。

*　　*　　*　　*　　*

每个人的生活都应该是新鲜的、充满情趣的。而童心则会为你增添生活的乐趣，成为你快乐的源泉。在你和一个人相处的时候，在你与自己的宠物在一起的时候，在你试穿新衣服的时候，你不需要那么理性，你大可用你孩子般的童心去打量、探究这个世界，寻找属于你的快乐。如果一个人对世界失去了好奇，那么世界也会对他失去好奇。

那些在历经了生活的艰难困苦之后，依然拥有一颗纯真童心的人更是真正意义上的贵族，他们是你所接触过的最幸福、最有活力的人。即便你已经是一位身居高职的强人，也请你尽量保持一颗童心，哪怕这点童心已经被你的责任和身份或者是其他太多的东西所压制着、遮蔽着，成为你生命中很少的一部分。

*　　*　　*　　*　　*

那么，为什么很多人失去了童心呢？可能更重要的是缺少了对自身成长的审视。你是不是太在意周围的世界？你是不是太介意自己的得失？正因如此，我们忽略了来自心灵深处的声音，失去了心灵的自由。关注和关爱自己，倾听自己的声音，无条件地接受自己，是唤回童心的第一步。

在人生的旅途中，人们应该常用“童心”这面镜子，来审视一下自己日见风化了的心灵。开心的时候，肆无忌惮地开怀大笑，也许所有的忧愁就会在倾诉中流走，所有的紧张就会在大笑中释放。每个人的生活都不可能是一帆风顺的，难免会遇到挫折，难免会伤心失望。何不像孩子一样去生活？因为孩子总是在认清犯错的原因之后，很快就忘记了忧伤，重又展开笑颜，重又做起美好的梦来。

在社会生活的纷纷扰扰中，在工作责任的重重压力下，拾起久违了的童心，你会发现那是多么的可贵。事实上，当你自愿回到儿童般的状态中，像孩子一样热爱幻想，并不意味着你必须放弃当一个成年人，你会清楚真正的生活不是整天工作和奔波，而你也会发自内心地赞叹整个世界。

每个人，无论处于如何艰难的境地，早上起来，你都可以畅快地笑，允许自己享受有趣的幻想。到大自然里走一走，扑扑蝴蝶，闻闻花香，让自己的感官生动起来，童心会因此得到回归的机会。保持一颗单纯而快乐的童心，是自我心理的需要，更是调节心理的良剂。

总得有一样东西是你终身热爱

不管你生活在哪里，不管你有多大，总有新东西要学习，毕竟生活总是充满惊喜。你跳舞吗？你写作吗？你设计吗？你雕刻吗？当一个人沉浸在创造力的脉动中，幸福感自然而然地就会增强，并且更容易接触到真正的自己。

* * * * *

有这样一个女子，1969年她第一次踏进大学校门，那时，她根本不知道自己想做些什么，而且至今也没有掌握一门能够让这个女子持之以恒的技能或者是发现这样的热情。

但是，这位女子却知道自己是富有创造力的。因此，对她来说，主修艺术是一件非常自然的事，于是，她开始做花边手镯和贴画，在公寓墙壁上画水彩画，她还涉猎过陶艺、上釉技术，并亲自用陶窑烧制。

后来，尽管这位女子最终的兴趣转移到了新闻学、哲学和心理学上，但是艺术仍是她生活中的一部分。此后，这位女子又发现了自己在写作方面的热情，但她还是继续在其他方面的创作，她还考虑在不久的将来开始学习雕刻。

你是否也有一些学习新东西的想法呢？如果有的话，那就去做吧。在那些激发灵感的创造性时刻，你的能力、你的知识面都会具有无限的可能性，并且最终都将滋养你的灵魂，让你发掘世界蕴藏的美。心理学认为，当一个人完全沉浸在正在做的事情中时，他会变得更加不同寻常，而且他的幸福感也会被放大。

* * * * *

我们常常觉得一个人长大的过程就是逐渐变平庸的过程。孩童时期的我们是想象力丰富的，富有创造性的，但是很多人越长大，越容易被外在的环境打磨成一个没有光芒的人，过着平静之下透露绝望的生活。

不妨留意一下孩子们做拼图游戏或学习绘画时的神态，以及他们在完成活动时的快乐和满足感，就很容易理解了。实际上，当我们专注、全情地投入一件事情时，势必会增强你的控制感，让你感受到自己的力量。

生活中，也有不少平凡的人用自己的方式积极做自己喜欢的事。有人热爱唱歌，就用心学习写歌，结果唱出了自己的声音。虽然我们不懂她唱的是什么，但是那种情绪却可以感染到很多人。有人热爱电影，就努力钻研剧本，拍出了自己的故事。或许他们都成不了电影大师，但是他们用画面记录生活，用镜头表达出自己对生活的态度。

* * * * *

每个热爱生活的人，都会积极地表达自己。一万种人有一万种热爱生活的方式。一位记者曾问一位喜欢跑马拉松的年轻人，这么枯燥的运动为什么让他乐此不疲？年轻人微笑着说：“因为要学会一个人的快乐。”年轻人羽毛球打得不错，马拉松和瑜伽段位都很高，如果找不到合适的拍档陪自己打球，他就独自穿上跑鞋，或者拿出地垫，安静地奔跑或舒缓，沉浸在自己的世界。

其实，生命的成长和丰盛就是一个螺旋上升的由内而外的修习过程，是一场内在需求不断认识和充实的旅程。当你活在当下，享受生活的乐趣，以及欣赏自然的美丽时，就会得到全方位的生活体验，而你还会感到更大的内在力量在心里涌动，这样的你即使没有艺术细胞，也不要否定你的创造力。

从现在起，试着打破你的常规生活模式，从事一些创造性活动，或者只是给自己放放假，这一切都能让你的身心质量得到一个很好的提高。生活的美，来自对生活的热爱。如果你不热爱生活，生活也不会热爱你。只要对生活有极大的热情，就永远不会被生活打败。

热闹的生活必须留住很多人，而安宁的世界却只需要一个人平静的内心，靠别人给的欢腾，和自己源于内心的喜悦，这完全是两码事，前者要看他人的脸色和意愿，后者却在自身能力许可之内，这样的快乐，或许来得更简单。

比生活更重要的，是生活方式

对于一个不将就的人来说，他不是被动享受生活，而是主动参与生活的创造。遇到节日一定要好好地庆祝，即便一个人也要好好地喝茶。就算是再平常的小事，也会带着仪式感去做。的确，生活是需要一些仪式感的，这跟矫情无关，它只关乎你对生活的热爱，对幸福的敏感。我们对生活的付出与热爱，值得我们这样庄重地对待自己。

*　　*　　*　　*　　*

很多人都非常喜欢《小王子》这部童话故事，里面有这样一段有趣的情节：

小王子驯养了一只可爱的狐狸，他们对仪式感的理解颇为触动人心。

小王子在驯养狐狸后的第二天又去看望它。

“你每天最好在相同的时间来，”狐狸说，“比如说，你下午四点钟来，那么从三点钟起，我就开始感到幸福。时间越临近，我就越感到幸福。到了四点钟的时候，我就会坐立不安，我就会发现幸福的代价。但是，如果你随便什么时候来，我就不知道在什么时候该准备好我的心情……应当有一定的仪式。”

“仪式是什么？”小王子问道。

“这也是经常被遗忘的事情。”狐狸说，“它就是使某一天与其他日子不同，使某一时刻与其他时刻不同。”

*　　*　　*　　*　　*

大多时候，你是不是觉得自己的生活平淡无奇又匆匆忙忙，而仪式感早就被人们轻易地抛诸脑后。一个人的时候，房间里到处是随意乱丢的衣物，就算周末也宁愿宅在家里看肥皂剧，懒得出去沐浴一下阳光；结婚几年后，连约会纪念日、结婚纪念日这些曾经非常珍视的日子，都可以淡漠平常地度过；有了小孩，下班回到家，拖着疲惫的身子从冰箱里随便翻出点食物就凑合着一顿晚饭……你的生活过得就像一潭死水，而你还在不停地抱怨它的无聊无趣。

而仪式感对于生活的意义就在于，用庄重认真的态度去对待生活里看似无趣的事情，不管别人如何，一本正经、认认真真地把事情做好，才能真正发现生活的乐趣。仪式感可以让生活成为生活，而不是简单的生存。

* * * * *

在奥黛丽·赫本的经典影片《蒂凡尼的早餐》里，霍莉会穿着黑色小礼服，戴着假珠宝，在蒂凡尼精美的橱窗前，慢慢地将早餐吃完，再普通不过的可颂面包与热咖啡，也宛若变成了一桌美味的盛宴。而这诗意的仪式感，无疑让苍白的生活光华熠熠，映照着霍莉心中美好的向往。

尽管我们都知道第二天早上醒来一切还是原样，上班高峰的地铁还是会拥挤不堪，早点摊的味道还是那样一成不变，孩子还是会又哭又闹不愿意起床，工作还是会摞成一堆，但是我们仍然需要一个仪式，去体悟生活中那些不易被发掘的乐趣。

在约会纪念日、结婚纪念日吃一顿浪漫的烛光晚餐，若是来不及买礼物送一个深深的吻也会让对方久久难忘；彼此的生日，亲手做一个蛋糕，就算再丑也会令对方感动；两个人的晚餐，哪怕再普通，也可以用精致的餐具，铺上餐巾，仪式感顿生……生活本身就摆在那里，它呈现出什么样，完全取决于你自己的心态。

从现在起，即便只有两个人，也要在餐桌上用餐，一心一意地吃晚餐，说说各自一天的见闻与心情，交流不就是这样子的吗？就算普通的朋友聚会，也要扮靓出席，也许你的一个小改变就能让生活变得摇曳生姿；一个人也要好好享受周末暖阳里的下午茶，把家里打扫得干干净净……就像王小波说的："一个人只拥有此生此世是不够的，他还应该拥有诗意的世界"。让仪式感把生活里的灰头土脸、忙忙碌碌全都抹去吧，总有一天，它会让你的生活变得活色生香。

给自己的生命以另一种可能

有一个建筑设计师，总是设计不出令客户满意的作品。面对客户的批评，他觉得很委屈，自己并不是那种不负责任的人，经常加班加点地赶样稿，真可以说是个十足的工作狂，再看看公司里那些年轻人，不是闲聊、聚餐，就是约会、看电影，却经常能拿出令客户惊喜的方案。

久而久之，设计师开始怀疑自己根本就不适合这项工作，于是他去找老板辞职。当他跟老板说，自己做起来很吃力，恐怕做不下去的时候，老板却问他："我们公司楼下的花坛里种的是什么花？"

设计师有点蒙，不知道老板为什么问他这个，而且他每天脚步匆匆，并没有注意到花坛里种了什么花。

老板叹了口气，又说："要不这样吧，你再坚持一个月，在这一个月里，我要求你每天抱你的女儿三分钟。”设计师答应了。

最开始，他草草了事地抱女儿三分钟，然后哄她睡觉。渐渐地，他发现三分钟已经不够用了，因为女儿要跟他说的话越来越多，他只好再抱得久一点。再后来，设计师越来越陶醉于跟天真烂漫的女儿闲谈。

没过多久，设计师给客户提交了新的方案，这一次，他设计了一种内部无棱角的房屋，不仅造型奇特，让人耳目一新，而且温柔舒适，极具安全感，完全是为当下准备要宝宝的年轻夫妻量身定做的。

最后，这一方案得到了公司和客户的一致认可，成为年度的经典案例。设计师再也不想辞职了，因为他已经学会用全新的态度享受生活的乐趣。

享受本应是一种人生的特殊体验，但是在越来越喧嚣的现实世界里，我们却逐渐背离了享受的本质——我们变得提不起，放不下，为了享受而享受。于是，我们常常会高声慨叹：“上帝对我不公平，人生真是一场痛苦的煎熬。”

*　*　*　*　*

那么，为什么我们享受不到人生的真味呢？因为我们变得不再从容自信，而是自私和冷酷，人人都戴上了假面具，人人都只看到了虚伪和缺点。于是我们开始心浮气躁，更加在乎结果而忽略过程，小小的挫折也会令我们一蹶不振。

其实我们每个人都很富有，生来就拥有大自然，拥有思想和观念，拥有健康和生命，拥有快乐的生活，难道这些还不够吗？因此，我们更应该好好享受人生，不仅仅享受休闲平和与宁静，也享受忙碌与烦躁……

对待自己的生活，你要彻底活出每一种经历，热情、投入地打开你的心，就像对着爱人打开心门一样。你要彻底而亲密地拥抱每一刻，不要退却，不要保持距离，要敏锐地把握你的热情。

PART 07

爱是人世间最甘甜的清霖，它滋养着我们，让我们找到人生与生命的意义。可是世上最不能勉强的，也莫过于这份爱。

世上最不能勉强的，莫过于感情

不要因为年龄将就你的爱情

“如果世界上曾经出现过那个人，那么其他人都变成了一种将就，而我不愿意将就！”多么铿锵有力而又深情缱绻的一句宣言啊。可是，谈一场不将就的爱恋，逻辑好简单，执行起来却是多么困难。

小A，从出生到大学到毕业工作，家里都为她安排得井井有条，是很多人眼里的乖乖女，她也很认真地按照家人规划的路线有条不紊地走着自己的人生之路。如今到了谈婚论嫁的年龄，不出朋友们的意料，她果然走上了相亲之路。

朋友问她：“有男朋友了吗？”

“没有。”

“一定被你家催死了吧！”

“嗯，相了那么多，就是没合适的，现在这个还算勉强，是个医生，我妈说一看就是个踏实过日子的人，只是我总觉得他有点大男子主义，觉得家务都应该是女人的事。”

“就这也算踏实过日子？”

“不知道，先处着吧。”

看得出，小A有些犹疑与迷茫。

小A有个闺密叫小雅，年少时是个经常露着虎牙大笑的开心少女。前几年，从大城市辞职回到了老家的小县城，后来，不知怎么就稀里糊涂地相了亲、谈了恋爱，然后嫁了人。

可是，再看如今的小雅，简直就是一个活脱脱的平庸的妇女形象，在她的朋友圈，几乎条条都是怨怼之词，失望，愤怒，烦闷，无聊，当初那个招人喜欢的小姑娘早已不见了踪影。

就像所有春心萌动的姑娘一样，小雅也曾对爱情有过无限美好的期待。可是，太多的人却因为等不到那个人的出现而将就了自己的婚姻，从此缺憾成为缠绕自己一生的诅咒。虽说在她结婚之前，朋友也曾劝过她及早回头，可如今，现实却让她再也走不了回头路。

很多时候，将就得来的不是幸福，而是毁灭。这本是爱情圣经里的基本准则，然而在现实的泥潭里却变了模样。一对男女不相爱，只因为年纪到了就得结婚，就必须结婚生子，这何尝不是一种悲哀？

*　*　*　*　*

婚姻不是传宗接代那么简单，爱情和婚姻最好的关系是彼此合适，彼此能够在智商和精神世界相匹配，彼此能够看到对方的优点和缺点，彼此能够因为对方而改变，而不是年龄到了，所以要找个人凑合着过。

为了某种目的而结婚的那些人，暂且不在我们谈论的范围，因为将就本就是他们达到目的的手段，而是那些对爱情还抱有念想，并且至今依然单身的小伙姑娘们，可千万别让年龄误导了自己的选择，别让将就成为自己婚姻的绊脚石。不然这一生，自己都将为当初草率的决定而抱憾终身。

我始终相信，你期待什么样的爱情，才可能拥有那样的爱情。你对爱情认真，爱情才可能对你认真。所以，真爱，就是不能将就。将就的，也许算妥协，算练习，但这都不算是爱情。

*　*　*　*　*

其实，我们在爱情婚姻中的选择那么无奈，只因为我们不够强大。当你指望不够优秀的你找到优秀的另一半时，你会发现这本身就是一种奢侈，甚至是一种无望的懦弱和自卑。

当我们喜欢的人无法拥有，或是迟迟不肯出现的时候，我们就要时刻想着先把自己准备好，一旦有让我们心动的人出现的时候就能好好把握。你要记住：只有让自己变得更强大，才能与更强大的人匹敌；只有自己站得更高，才能与更高处的人相遇。如果你是如此情痴的一个人，老天定会为你送上一份重礼。

事实上，健康有活力的男女通常都是懂得自我审视的，只有知道自己想要什么，才能深刻明白爱情婚姻不能将就的重要意义。无论年轻的时候你怎么挑选伴侣，或者怎么去看待你的婚姻，都请不要将就。

即使找不到那个匹配的人，也要过得活色生香

Y是那种典型的黄金剩女。风华正茂，明艳照人，追求者不胜枚举。但是Y生性玩心重，眼光高，直至36岁才觅得意中人，喜结良缘。

Y即便结了婚，仍有人暗暗揶揄：“唉，就算再漂亮，也是快四十的女人了。”“总算嫁出去了，这岁数是找二婚的吧！”“谁谁以前都追过她，现在人家老婆都生二胎了，她这头胎还没生呢。”

说这些闲言碎语的人知道什么呀，人家姑娘虽然已年近四十，过得逍遥着呢。由于勤于健身保养，皮肤身材一点都不输给青春少女。

五年前，Y辞掉了羡煞众人的外企高职，开了一间精品服饰店，又与朋友合伙经营了一家甜品屋，生意不大不小，衣食无忧。

更重要的是，Y性情开朗，爱好旅行，30岁前就已走遍了大江南北，不知情的人还在惋惜人家寂寞空庭春欲晚，可是人家早就玩起了出国游。而Y和她现在的先生就是旅行中认识的。两个人因为有着共同的兴趣爱好，所以在去非洲的路上就订了婚，最后回老家完婚。

很多人都喜欢那种灼灼闪光的人，而他们又从来都不是因为幸运，首先他们懂得经营自身，所以才能将日子过得丰富有趣，即便是在单身的日子里，他们也时常保持着制造新鲜和乐趣的能力，把人生的每天都用来尽兴、绽放、享受、蜕变。

* * * * *

Yiyi一直渴望恋爱，大学毕业后交往了一个大她两岁的男友。相处三年，男生喜欢拈花惹草，还不信任Yiyi。忍无可忍下，Yiyi跟他分了手。

相比以前时时刻刻以男友为中心的生活，分手之后，Yiyi重新拾起了她热爱的钢琴和画画，朋友圈里也不再是负能量的集聚地，而是小日子里真真切切的感悟。此时她也才醒悟，原来自己也可以是那种把日子过得丰富有趣的女人。

在爱的路上，我们都需要一颗从容和坦然的心，去接纳无法改变的事情。与其苦苦维持苟延残喘的爱情，不如干脆放手，给自己留一点最后的尊严。很多时候，你视为刻骨铭心的记忆，或许别人早已忘记，与其纠结于心，不如看淡、看轻。把一个人的日子过得活色生香了，两个人的世界也能相得益彰。

真正的婚姻，是两个独立灵魂间的谈情说爱，而不是用生活的残渣碎屑填充时间。正如Y聊起婚姻生活时所说，即使两个人都热爱旅行，有共同的兴趣，也并不意味着对方和自己就是一样的人。结了婚，并不代表就高枕无忧地“从此过上幸福的生活”。单身时随心所欲说走就走，既然选择了结婚，就得接受和另一半彼此尊重、有商有量的生活。

爱自己是第一位，没人需要你那么伟大

如果你的直觉已经告诉你，你正在进行一场错误的恋情，请你听从你的内心，马上纠正或是马上放手。很多时候，低到尘埃里的爱情，永远也无法开花结果。

在与胡兰成相识之后，张爱玲把自己的一张照片送给了他，并在照片后面写上了这样一句话："遇到他，她变得很低很低，低到尘埃里，但她心里是喜欢的，从尘埃里开出花来。"然而，这句话就像一句谶语，注定了她的爱情终究不会圆满。

张爱玲爱得这样小心翼翼，毫无保留，可胡兰成还是走了。可是，面对胡兰成的离开，张爱玲依然还低在尘埃里，直到最后她还在卑微地宽慰自己："我已经不喜欢你了。你是早已不喜欢我了的。"

在爱情中，当女人把自己放在很低的位置，那么男人会把她看得更低，也难怪男人这样想，有谁会高看一个卑躬屈膝向自己讨好的人呢？这样做的女人无异于失去了自我，丢掉了灵魂。一朵从尘埃里开出来的花怎么能经得起风雨的摧残，她把自己的爱情一开始就放在了一座失衡的天平上，自然永远无法获得平等。

*　*　*　*　*

一位姑娘在电话里跟闺密提起她新交的男友，聊天中，她自始至终都在描述男友如何有钱、如何英俊、如何有品位，听起来，姑娘的声音似乎很激动，就像在描述她的偶像。

然而，当闺密无意中问了一句他俩的交往情况时，姑娘说，她什么都听他的，她帮他整理房间，为他煮饭，熨烫衣服……当闺密问姑娘，男友做了哪些让她感动的事，她沉思好久，没说什么特别的，他们只是一起出去吃饭，她经常看到饭桌上别的男人殷勤地照顾他们的女友，每当这个时候，她总是感到很失落、很委屈。

聊着聊着，闺密终于明白了问题出在哪里。姑娘的男友刚追求她时，她觉得自己实在是太幸运了，遇到这么帅又那么多金的钻石王老五，为此，她甚至还说自己都不敢和他在一起照镜子，觉得自己配不上他。后来，姑娘凡事都迁就男友，像小鸟依人一样表现得特别乖巧，对他百依百顺。她原以为她的男友很快就会向自己求婚，可是他看起来似乎开始躲着她了，姑娘为此痛苦不已。

尘埃里开出来的花，终将凋零在尘埃里。爱情中，当我们迷恋上一个人，很多人往往一点点地失去自我。其实，在亲密关系中，当两个人处于不平等的地位时就不能称之为爱情，只能称之为依附关系，而这种畸形的关系是无法保持长久的，要么是压抑痛苦的一方醒悟，要么是处于主动地位的一方厌倦，最终选择抽身而去。

* * * * *

其实，爱一个人没有错，为对方付出，给对方幸福和快乐也没有错。错就错在，爱到了极致，爱到失去了原则甚至忘记了自己。爱情不是一个人的独角戏，需要两个人共同配合才能圆满。如果在爱情中总是一味地付出，那么不仅无法获得想要的幸福，还会让自己爱到满身伤痕。

在爱的路上，要么不爱，要么深爱，但永远不要爱得失去自我。爱得卑微，爱得失去自我，最终只会换来体无完肤的爱情和一颗破碎的心。如果一段恋情让你失去了常态，必须赶紧让自己冷静一下，当情感冷下来，人便有了静，这样才有更多的智慧。如果爱情是100分，那么女人至少要留50分给自己。千万不要在爱情中把自己低到尘埃里。

不想被催婚，就要证明自己过得好

以前，做父母的总是担心正在上大学的孩子因谈恋爱而影响学业。可是，现在不同了，父母反倒为孩子没有恋爱或不肯及早结婚而着急。被父母催婚，在现在这个发展越来越快、压力越来越大的社会，已是所有年轻人都会头痛的一件事。

董姑娘读大学时，她的父母就把她将来的人生规划好了，等她拿到教师资格证，大学毕业就去当小学教师，等到有了稳定工作后，就可以找一个学医的男人赶紧嫁了。

董姑娘父母的如意算盘的确打得妙，她当教师有寒暑假，将来有了孩子，既有更多时间陪伴，也能辅导孩子学习。董姑娘的这条路，跟很多女孩子未来的路都大同小异。

大学毕业后，董姑娘谈了男朋友，只不过俩人打算再过几年结婚，不急着刚认识就办喜酒结婚生孩子，他们都想要先在各自的工作上做出一点成绩，在个人能力上得到进步与锻炼，而后再去结婚。

很多人都以为，只要结了婚，所有生活中的拧巴与不如意都会打开。但是，你过得好还是过得糟糕与你所处的环境无关。要知道，自始至终，是你的心态决定你遇见的前方是晴天还是雨天。那些平日里自己都过得不好，没有丰富内心与独立能力的人，就算是结了婚也解决不了烦恼。

* * * * *

一个女孩在单身的日子里活得强大一点、独立一点，并不是向男人展示刚硬，更不是不懂在男人面前示弱，她只是想告诉男人，在他与爱情还未到来前，她要为自己而活，懂得照顾自己，懂得善待自己。那些在岁月里把自己修炼得热气腾腾的姑娘，她们才是华丽的锦缎，陪在男人身边，也能够让他们愈加令人瞩目耀眼。

当然，这并不是鼓励原本娇滴滴的女孩就得活得像个女汉子一般风风火火，只是希望女孩们活得内心强大一点，你的独立与强大，是为了将来找到值得托付终身的男人时，你能成为那个为他事业锦上添花、让他如虎添翼的人。爱情里，雪中送炭的温暖让人感恩，而牵手相携的互助，才能够让俩人在岁月的进程里为彼此的成就点赞。

当然，也有一些姑娘，她们不想结婚的理由只是觉得结婚以后，经济负担重。他们想：在外面做“月光女神”，回家啃老，不也过得挺好？如若这样，那就千万别再抱怨你父母逼婚了，他们不逼婚，难道真能陪你到地老天荒？

*　*　*　*　*

年轻时的光阴流转，一转眼就会成为回忆，没有哪一种生活是轻松的，所以，想要早点遇见对的人，早点执子之手与子偕老，你就得比别人更努力。那些在单身的日子里把自己照顾好，有独立能力与谋生技能，并且经得起挫折孤独考验的人，才可以活得有滋有味，优雅而从容。

至于婚姻，原本就是水到渠成的事。你在提升自己的同时，自然有机会遇见同等水平的人，在这个过程中，你同样可以判断出怎样的另一半适合自己。如果缘分恰好，双方满意，则牵手共度一生；如果缘分不够，你那么努力地做一个丰富美好的人，时间自然会在下个转角让你遇见那个对的人。

20岁出头时，如果你恰好单身，请记得让自己变得优秀美好，这些都将为你的成长增添砝码与亮点。

离开他后，你要比以前更美

每个人都期待早点遇到真爱。或许在这个转角你遇到一个人，你们相互陪伴着，往前行。可是，在下一个分岔路口，你们却又去往不同的方向。

女孩交往六年的男友突然提出分手，那一刻，女孩难过极了。在这六年多的时间里，女孩一直都是被捧在手掌心里的，俩人但凡有些争执，男友绝对会在24小时内道歉求饶，不敢让她受半点委屈。因此，当女孩突然被抛弃，她不仅难过至极，面子和自尊更是挂不住，即便时隔半年多，还久久不能消化这苦涩的情绪。

事实上，女孩是一万个愿意挽回这段感情，而且她也做了好多以前绝对不可能做的事，但是即便女孩做了这么多低声下气的挽回动作，也没有让男友回头，反而让自己丢了尊严，心里更委屈了。

相信许多女孩都曾经历或是正在承受着相同的煎熬。如果两个人最初的爱恋和感动依然存在，那么当爱情遭遇困惑时，我们就要努力去改变它，不要计较谁付出得多，谁又付出得少，也不要计较谁比谁没有面子，因为真爱里只有宽容。

* * * * *

可是，如果我们遭遇的困惑是一方的爱情俨然正逐渐地消退，或是已经做出决绝的表态，我们就得学会“领受”事实，学会就算含着泪水，也要优雅地转身离去。我们常说，爱和恨是相互关联的，有爱就会有恨。在我们分手的时候，我们都会恨对方，因为想不通既然现在要分开，那当初为什么还要在一起？但是，是不是我们为了现实，因为那次的转身离开，因为没有拉着对方的手走到最后，就要去否认之前所有的记忆和想念呢？

也许有的女孩会不服气地说：“我们干吗要低声下气地去求男人，既然两情已不相悦，当然是要很骄傲地、头也不回地转身离去。”优雅地转身并不是为了和谁较劲，或是怕谁看不起我们，我们的优雅或骄傲只是为了赢得对自己的那份尊敬和肯定，让我们不会因为一次的失败而从此轻看，甚至是否定自己。如果爱情到了最后，让我们把自己都弄丢了，那它对我们的生活、对我们的生命又有什么意义呢。

其实，有些人，这辈子能够相守固然是好的，不能白头也只是因为不适合。你爱的人在你的生命里出现，的确只是个过程，就是为了使你茁壮，使你学会付出，学会珍惜，学会爱自己，让你知道你想要的是什么，你始终在寻找的是什么。所以，我们应该感谢那些离开的人，离开不过是因为彼此不适应，无论之前做过什么，该放下的，放下就好。我们更应该感谢那些伤害过你、离开你的人，因为他们，才让你明白，自己有多么坚强；因为他们，你才知道，自己的世界原来可以这么大。

* * * * *

当一段亲密关系结束时，也许你会尝试快速寻找新的关系延续。一个人离开，总会有另一个人或者很多人进来，但这只是用美好的装饰去遮挡内心的空洞。倘若你想要成长，就应该静下心来。然后明白，你所索取的所有外界的爱与关注，都源自你的不自信与不自爱。如果你内心足够强大，把注意力集中到自身，外界的所有人、事、物就再不能影响你了。

所有带着爱或者带着恨的离别，也是一次痛苦的割裂。如果做不到微笑道别，那么，是不是可以优雅转身呢？总有一天，你会对着过去的伤痛微笑。你会感谢离开你的那个人，他配不上你的爱、你的好。他终究不是命定的那个人。所有到不了头的恋爱终究是一场历练，也许那一刻你的心碎了，却也只能爬起来，擦干眼泪往前走。要知道，当时的痛苦迟早会换来日后的提升，是他的离去才给你腾出了幸福的空间。

也许你在年轻懵懂的时候谈过几场轰轰烈烈的恋爱，经历过种种分分合合，你觉得自己这辈子都爱够了，再也不想涉足感情半步。但是谁也不知道未来会发生什么，你会遇见怎样的人，发生怎样的事。谁会爱上你，你又会嫁给谁。你始终应该相信，我们都会找到自己的归宿。幸福有时会迟到，但它从不缺席。即使爱情已逝，也要心存美好。

爱情里不需要你放弃尊严作践自己

小J恋爱了，女友却是那种特别没有安全感的女生。两个人在一起以后，女生总觉得自己得到的爱不够，而他就一味地弥补和道歉。

两个人之所以走到一起，多少与女生喜欢他身上那种以身犯险的胆魄有关，可是，真正在一起了，她又觉得男友对自己宠爱有余是好，可是却少了点男人的血性。为了维系这段感情，小J甘之如饴。可是两个人对感情的期待却开始一点点地不均衡了。

他们最后一次吵架是因为两个人约好去海边玩，小J因为家里临时有急事，所以去不了，这让为此事足足计划了有半个月的女友大发脾气，电话也不接，短信也不回。

小J处理完家事，赶忙回到女友身边，在她的楼下整整等了她一夜，实打实地站着，女友愣是没下来，两个人就这样来不及好好道别就分手了。

也许你会说，小J对女友是真好。可是这样的人褪去一身骄傲，却成为感情的负累，他的感情也是千疮百孔。其实没有哪种爱情，需要你放弃尊严作践自己，要你去受罪吃苦。

*　　*　　*　　*　　*

一段感情结束时，我们经常会看到这一幕：一方边哭边重复着“可不可以别离开我”“求求你别不要我”，而另一方却无动于衷。在那些难挨的、难过到快要死掉的日子里，你恨不得抓着他的领子质问：“为什么不爱我了呀？是我哪里做得不好吗”？

有的人在爱情里很卑微，可是，这种低到尘埃里的爱情就能带来好的结果吗？我不认为义无反顾的爱是很美好的事，反倒觉得是很蠢的事，即便在你心中这段感情被渲染得无比美好，事实上你都不得不面对凄凉的结局。

*　　*　　*　　*　　*

爱情是相互的事，你付出的一切有回应才算有意义。如果只是单方面去爱，那一切都不会有结果。去爱的前提，是你值得被人爱。否则，你岂不是太难堪了？当你委屈自己，卑微到尘埃里还纠缠不休，对方只会觉得不接受你、离开你是一件无比正确的决定。

爱情可以是争取来的，但是争取和追求一定是在双方都平等的立场上，而不是一方将姿态降低，去乞求另一方能够分一点爱给自己。所以，你永远不能用自己的下贱去挽留一个人。你们可以输，但是姿势一定要好看。

爱是一场博弈，必须保持永远与对方势均力敌，才能长此以往地相依相息。要知道没有谁离开谁是活不了的，人家要是真的在乎你，怎么舍得让你放下尊严、委曲求全？如果你总是踮着脚尖去够着某个人，早晚有一天你会因为重心不稳而摔倒。

爱情或许会让你不知所措，会让你忌妒生气，会让你伤心流泪。但它最终是温暖的，能给你愉悦，能给你安全感。最好的爱情，是两个人不必靠得太近，也不必怀抱太多不必要的奢望，只是简单的小幸福。

频频回头的人，注定走不了远路

M姑娘一直放不下她的前任，他在她北漂的岁月里，给过她很多帮助，在她决定离开北京的时候，又跟着她一起回南方，后来，两个人在一起四年，正准备要谈婚论嫁的时候，前任移情别恋，选择了分手。

之后的一段时间，M姑娘对前任始终念念不忘。其实她的前任并不是多么优秀，可她就是放不下他。每次和闺密逛街，M姑娘总会无意地逛到男装店，找到白色纯棉的T恤，发一条朋友圈，说她还是最喜欢白色；公司组织旅游，M姑娘每天都会拼一组九格图，晒到朋友圈，说一群人的旅行胜过一个人的狂欢；打开手机，也会习惯性地给他打电话，翻他的朋友圈。可以说，有关前任的一切几乎占据了她的所有思想。

似乎每一个失恋的，还未放下的人，都会固执地认为，既然两个人深爱了那么久，磨合了那么久，为什么还要轻易放手？也许再坚持一天、一周、一个月，甚至一年，说不定他就会被感动，爱情就会春暖花开了。

可是，每一个人的精力都是有限的，每一个人的爱也是有限的。你的心里装着一个人的时候，别人就很难走进你的世界；你的心里装着一件事的时候，也很难对别的事投入更多的精力。

* * * * *

M姑娘就是这样的人，因为心里装着一个人，所以，别人再也挤不进去了。一开始，闺密说："坏男人而已，不必当真，再找一个合适的就是。"可是很长一段时间里，无论身边的人多着急，她还是念着前任的好。

直到分手一年后，她才乖乖听了朋友的话，见了一位W先生。他比M姑娘大四岁，是一家上市公司的经理，发展前景很好，人长得不算又高又帅，但是看着很精神，也大气。对M姑娘也是无微不至，只要遇到什么难题，都会想办法解决。

可是，M姑娘的爱已经被前男友给耗尽了，哪怕分手了，也还一直占据着她的心。无论W先生如何努力，她都无动于衷。朋友只能连连叹气："如果W先生早一点出现在M姑娘的世界，那该多好啊。"朋友也经常劝M姑娘，过去的就让它过去，要珍惜眼前人，可是M姑娘就是不甘心。

后来，直到M姑娘从朋友那里得知前任要结婚的消息，才醒悟：哪怕她一直站在原地，走累了的前任，也不会回来接她了。

在爱情里，我们往往是因为放不下，对旧人还抱着希望，所以才会走不远。事实上，流逝的爱情远没有我们自以为的特别。忘不掉的，不过是想象中的对方而已。我们觉得自己走不出来，只是听凭自己的小情绪，不愿意忍受割舍的阵痛。分手未必是你的责任，可走不出来，却怪不了别人。

* * * * *

人生路上，难免要经历风雨，爱人出轨、朋友背叛，这些都不可怕。可怕的是，爱人出轨了，所以你不敢爱了；朋友背叛了，所以你怀疑友情了。不摔几次，怎能学会走路；不伤几回，怎能参悟人生。爱情说到底，是自我的修行。走得出旧梦，才见得到明天。与其花太多的时间去追忆往昔，不如抬起头朝前看，才不会撞到高墙，也才能看到更广袤的天地。

PART 08

这个世界上，总是有人过着你摒弃了的生活，也有人过着你期盼着的生活，更有人过着和你现在一样的生活。无论如何，你值得用一辈子过得更好。

你值得用一辈子过得更好

每个人的人生都可以精彩，只要你不认命

当你觉得人生过得十分不顺，甚至每段时期都特别糟糕透顶，那么除了像那些愤世嫉俗的愤青在网上发泄不快或者对着家人朋友咆哮之外，你是否意识到，你自己值得用一辈子过得更好?

咆哮和辱骂在生活中有意义吗？毫无意义，他就像毒瘤一样影响你的心情和品位。因此，你更应该思考的是，如何管好自己的言行，趁着有限的生命过好自己的一生。

我们要过好自己的人生，也不是脑子想想，嘴上说说，而是需要通过行动去达成。所有的抱怨、愤恨、低落、辱骂对于想要过有品质的人生来讲毫无意义，真正有意义的是用努力和精力把自己的人生经营好。

* * * * *

很多年前，在美国西海岸的一个渔村，这一天，有名的老渔夫坐在他那幢精雅的别墅的阳台上，望着远处的大海，快要走到生命的尽头，奄奄一息。家里人都聚集在老渔夫面前，看他最后一眼，听着老渔夫最后的遗言。老渔夫的身边还站着一群难过的渔夫，那些渔夫很多都在三四十岁年纪，都曾经受过老渔夫的帮助和指导，一直以来对老渔夫毕恭毕敬。

这位老渔夫年轻时候是这一带著名的捕鱼能手，他非常聪慧和能干，靠着捕鱼所得在村子里盖了这幢精雅的别墅，买了一艘豪华游轮和三艘巨大的渔船，凭着自己的捕鱼经验率领村里其他年轻渔夫出海，避免了很多次海洋气候变化所带来的灾难，救了很多人的性命。

老渔夫很爱自己的孙子安琼，然而安琼非常淘气，不喜欢捕鱼，整天就喜欢在村里到处游玩。也二十五六岁了，还没有成家立业。他对什么都感兴趣，但又不喜欢做下去，觉得一切都很枯燥。在众多孙子中，老渔夫最不放心的就是他。

老渔夫招手让安琼走到身边，他低声对孙子说："孩子，我要去见主了，但是，在我去之前，我想把主的神意告诉你，赐福于你。在我年轻的时候，我跟你一样，不知道该做什么。到了三十岁我仍然一贫如洗，那时穷得在村子里都没有娶上媳妇，所有人都看不起我。那个时候我很苦恼，我常常去海边，望着大海咆哮，倾诉我的委屈。但是没有用，日子一天一天过去，我还是一贫如洗。

“有一天，我看见海边飘来两只企鹅，它们身上受伤了，游水的时候非常吃力，它们随着波浪爬上了岸，奄奄一息。但是它们好像情侣一样互相照顾着，见到我来，还带着深深的敌意。见到它们要死的样子我非常难过，不管有没有希望，我都想救治它们，让它们健康地活下去。

“我回家拿药小心地涂在了它们两个小可爱的伤口上，还给它们带来食物，让它们饱餐。又在海边给它们生火，以免它们冻着。几天下来，奇迹发生了，它们渐渐好了起来。我高兴得手舞足蹈，它们也不再对我产生敌意，摇着身子挨着我磨蹭。那是一段非常愉快的时光，我救了两个可爱的小生命。那种美妙的感觉我从来没有过。

“可是，好了的两只企鹅又要走了，它们又要回到海里，回到它们生活的熟悉的地盘去。我本来想一直养着它们，但是我知道这里不是它们的家。我不能自私地留下它们，那样，我会受到主的惩罚。我依依不舍地望着它们离去，心里像失去了什么一样，空空落落的。望着它们的身影消失在大海的尽头，我竟然伤心地哭了起来。那几天，我什么都不做，我就睡在家里。然而家里的食物快没了，我的肚子不停地叫唤，又把我从悲伤中拉到现实残酷的处境中来。

“望着家徒四壁的房子，我突然明白，我就像那两只被救的企鹅一样，只要你抱存希望，即使有再大的伤口都可以痊愈，它们会一天天好起来，无边的大海终归可以游回去。人的生命就这么多天，我没有时间浪费，不管我怎么想，这里就是我的家，我必须努力地工作，不停地游，这样我的人生才会一天比一天好。我想我的人生值得过得更好。

“因此，从那以后，我起早贪黑，不管捕捞多少，我出海前都坚定这个信念，我值得用一辈子过好我的人生。后来我买了船，也盖了别墅，娶了妻子，也帮了很多人。这些你都看见了。安琼，你也一样，你的人生值得用一辈子去过好，我相信你。爷爷爱你。”

安琼听完爷爷对自己的临终话，似有所悟地点了点头，两眼噙满泪花，捧着爷爷的手深情地吻着。

我们很多人不像安琼那样，有一个能干的爷爷，给家族留下巨大的财富。我们很多人出生在平凡家庭，没有显赫的门第，也没有巨额财富，人生注定是要靠自己去发展，创造财富。然而很多人就此认为自己无法出人头地，就是普通大众，对自己也就没多大要求，浑浑噩噩地过着日子，从不奢望使自己庸常的生活会变得丰富多彩。

*　　*　　*　　*　　*

当我们感到自己浑浑噩噩地过着日子，感到自己的生活毫无生趣，我们是否认真想过，为何我们就不能像他人一样，过着丰富多彩的生活？

人生总因为波折而美丽，有高低起伏的人生才显得更有魅力。我们不可能一辈子一帆风顺，当然也不会一辈子贫困潦倒。假如命运亏待了你，我们无法更改它运行的轨道，我们唯一可以选择的是，当命运露出狰狞的一面时，坦然无畏地活下去。

简单的人生，也可以活得高贵

哲学系的D教授，高高瘦瘦，每次他的课总是爆满，因为他是一位非常有思想的老先生。如果你有幸进到他的办公室，就会发现真的很简单，但却不简陋，东西少但却让人觉得踏实。所有的桌子、椅子都是木制的。桌上堆了很高的一摞书，书架上也满满的都是书。

在这位老教授靠近办公桌的墙壁上总是挂着一幅书法作品，写的是刘禹锡的《陋室铭》："山不在高，有仙则名；水不在深，有龙则灵。斯是陋室，惟吾德馨……"这更让人觉得这位老先生有几分仙风道骨的味道。

其实D教授年轻的时候也曾经是个疯小子。那时国内摇滚音乐还没开始大范围地流行起来，他就跟几个同学组了个小乐队。那时候他觉得理想生活大概就是能天天玩摇滚。

后来随着年岁的增长、阅历的丰富，D教授越来越觉得多读书才会活得更踏实，于是开始潜心研究学问。他说，学问研究得越深，越觉得真正的人生当在于精神的丰满。

现如今，很多年轻人追求时尚，追求高品质的精致生活，可是在D教授看来，理想生活应该是一种精神高贵的生活，身外之物其实并没有那么重要，过一种“低配”人生才是最踏实、最稳定的。

当然，D教授所说的“低配”人生，并不是倡导年轻人一定要衣衫褴褛，而是一种理念，相比把更多的精力和时间放在对外部世界的追求上，倒不如更多地重视内在的修养，重视精神的成长，重视灵魂的丰富。

* * * * *

可是，在我们身边从来不乏一些虚弱的人，吃饭总要点贵的，买衣服总要买名牌，这些人其实刚参加工作没几年，工资也没有多高，每到月底总要捉襟见肘，完全是不折不扣的“月光族”。在这些人看来，年轻就是资本，人生得意须尽欢。

试问：吃穿用挑最好的，就是过上了所谓的精致生活吗？这种居安不思危，只顾当下，不做长远打算的行为，我们着实不敢苟同。或许真正到了某一天，他们会后悔现在的大手大脚，开始后悔没有多读一点书，多涵养一下自己的精神世界。

*　　*　　*　　*　　*

现如今，过分执迷于生活的浮华而疏于对自己内心的充实，或许是很多年轻人的一个通病。可是，你有没有想过，当你见惯了灯红酒绿、声色犬马，为什么还依然觉得空虚无聊、迷茫无助呢？

其实，真正的高贵并非财大气粗，并非良田千顷广厦万间，而在于精神，在于灵魂，那些有着丰富的精神世界的人才是我们真正所敬佩的人。也许属于他们的世界只有再平凡不过的简单，但他们却因精神的丰满而成为夜空中最明亮的星，让世人为他们的人格魅力所折服。

外物投入过多则意味着内心投入过少，这样的人生是不完整的。趁年轻，何不给自己更多的空间、时间去充实一下自己的内心世界，多读一本书，多听一场讲座，多结交一个挚友，就算是“低配”人生也可以有更广阔的翱翔空间。如此，同样可以高贵地活着。

这个世界上，总有人需要你

有个年轻人想知道天堂和地狱到底有什么区别，于是就去问上帝。上帝一言不发，带他去参观天堂和地狱。

年轻人吃惊地发现原来天堂和地狱没什么区别，都有阳光和微风，也都有绿树和红花，不同之处就是在这两个地方生活着不同的人。在天堂里生活的人，个个快乐开心、相互关爱，脸上洋溢着幸福的笑容；而地狱里生活的人，个个愁眉苦脸、互相厮打，眼中流露出的都是贪婪和仇恨。

于是年轻人就问上帝："天堂和地狱里的人为什么如此不同？"上帝还是一言不发，直接带他去了天堂和地狱的餐厅。年轻人发现天堂和地狱的餐厅也是一模一样的，设施一样，饭菜一样，而且每个人都用一把比自己的胳膊长得多的勺子吃饭，而且手要握着勺子柄的最远端，因为勺子柄太长了，所以没有人能自己喂自己吃饭。

不同的是，天堂里的人互相帮助，把自己勺子里的饭菜喂到对方的嘴里，因此每个人都吃得饱饱的。而地狱里的人只想着往自己的嘴巴里喂饭，结果由于勺子柄太长很难吃得到，所以饿得皮包骨头、痛苦不堪。

其实，我们每一天都面临着天堂和地狱的选择。如果我们选择和别人和睦相处、互相帮助，生活就变成了天堂。如果我们选择贪婪、霸道和自私，生活就变成了地狱。

* * * * *

没有人可以靠自己的力量活一辈子。每时每刻，我们都在分享别人创造出来的各种成果，这种分享带给我们生活上的便利和精神上的满足。可是，很多时候，我们对于使用别人的劳动成果又太习以为常了，以至于经常忘了感激。尤其是在我们遭遇痛苦和悲伤时，总希望别人能够理解，甚至是分担，但是当我们拥有财富和幸福时，却总是想独自享用。

试想一下，假如你手里有六个苹果，你自己把它们全部吃掉，那么你仅仅尝到了苹果的味道。但是如果你把六个苹果分给六个人吃，那么当他们有水果时一定也会分给你吃，也许你吃到的水果总数还是六个，但是你很可能品尝到了橘子、香蕉、葡萄和西瓜等多种不同水果的味道。更重要的是，这六个原本素昧平生的人也许会从此变成你的朋友、合作伙伴。

*　　*　　*　　*　　*

很多道理原本十分简单，但我们总是被自私和贪欲所绑架，所以常常忘记什么是生活中最重要的东西。而一个人只知道独占时，也就失去了整个世界。所以，我们在不断汲取别人给予的身体和精神营养的同时，也千万别忘了把自己的智慧、思想、友情、爱心分享给更多的人。当别人需要你时，也千万别忘了伸出你充满爱意的双手。在这个世界上，总有人需要你，就像你永远需要别人一样。

无法让所有人满意，那就尽心做好自己

虽然我们不能管住别人的嘴巴，阻挡别人的挑剔和指责，但我们可以选择对不公正指责的态度。只要问心无愧，就可以做到泰然自若。

一位名人曾说过这样一句颇有含义的话：“我不是人民币，不可能让所有人喜欢我。”的确，每个人的喜好都五花八门，你怎么可能让所有人都喜欢？毕竟嘴巴是长在别人身上的。

* * * * *

有这样一个故事，虽然是个笑话，但却含义深刻。

一天，父子俩赶着一头驴进城，儿子在前，父亲在后，半路上有人嘲笑这对父子：“真是活受罪，有驴还不骑！”

父亲听了觉得有理，便叫儿子骑上，自己在后面跟着。

走了一段路后，旁边又有人指指点点：“看看那个儿子，真是不孝啊，自己骑着驴子，却让父亲走路，唉！”

父亲听了，有些不爽，于是叫儿子下来，自己骑上驴背。

父子俩走了一会儿，又有人说：“这个父亲真是狠心，自己骑驴，让孩子走路，不怕累着孩子？”父亲连忙叫儿子也骑上驴背，心想这下总该没人议论了吧。谁知又有人说：“驴那么瘦，人骑在驴背上，不怕把它压死。”

最后，父子俩把驴子的四只脚绑起来，一前一后用棍子扛着。经过一座桥时，驴子因为不舒服，挣扎了一下，掉到河里淹死了。

生活中，很多人就像故事中所讲的这对父子，过分在乎别人的看法，总是希望自己的行为得到所有人的赞同，人家说什么，就听什么、做什么。结果不仅事情没有做好，反而弄得一团糟。

* * * * *

这个世界上，不可能所有人都对你满意。面对误解和指责，与其讨好每一个人，不希望得罪每一个人，不如专心做好自己的事，坚持走自己的路。你要明白一点：你不可能顾及每一个人的利益，也许你认为照顾到了，可是别人却认为你太自私，根本不领你的情。而且你更不可能顾及每一个人的立场和看法，毕竟人与人的思维方式和价值取向都不相同，对同一件事情都会有不同的感受和要求，所以无论你怎样做，都会有人不满意。生活中，那些缺乏主见，喜欢揣摩他人心思的人，尽管初衷是想面面俱到，结果常常把自己搞得身心疲惫。

*　　*　　*　　*　　*

有一位画家，想画出一幅人人都喜欢的画。经过几个月的辛苦努力，他把自己的作品拿到市场上展出，并在画旁放了一支笔，还附上一则说明：亲爱的朋友，如果你认为这幅画哪里有欠佳之笔，请赐教，并在画中标出记号。

晚上，画家取回画时，却发现那幅画被涂满了记号。画家心中十分不快，对这次尝试深感失望。

画家决定换种方法再去试试。于是，他又画了一张同样的画拿到市场上展出，这一次，他要求每位观赏者将其最为欣赏的妙笔都标上记号。出人意料的是，曾被指责的地方，如今却都换上了赞美的标记。

其实，很多时候，我们做什么只要使一部分人满意就很不错了，因为在有些人看来是丑的东西，在另外一些人眼里则恰恰是美好的。无论你承认与否，在我们周围总会有一些挑剔、苛刻的目光在审视着我们。批评是别人说的，日子才是我们自己过的。

因为别人，我们活得更好

假如你的手里有一束鲜花，如果只是留给自己独自欣赏，那意味着你的生活一定冰冷孤独，鲜花也会因此黯然失色。一个厨师做出了美食，如果只是为了独自享用，势必也没有任何快乐可言。事实上，只有当更多的人品尝并赞美厨师所做的美食时，他才会感到无比的快乐与幸福。因此，不管你如何强调为自己而活，实际上却是为别人活着。

为别人而活，不但没有什么不好，而且真的很美好。我们每个人都是社会性的动物，我们所做的一切都是为了融入这个社会，得到别人的认可，尤其是被我们喜爱的人所认可，这才是我们生命的本质和全部意义，也是我们生命能够成长的全部秘密。

*　*　*　*　*

大学时代，青春呼唤着我们去彰显自己，很多年轻人像雄性的鸟类，总希望自己比别人更有吸引力。有个男同学，为了吸引心仪女生的注意，每天早上跑到女生宿舍楼前面的小树林弹吉他，直至被女生们集体喝止，沦为寝室晚上熄灯后永恒的笑料。

奇怪的是，大学最后两年，女生宿舍楼前再也听不到男生弹吉他的声音，但他每天仍旧早出晚归，直到有一天，同学们听到他用流利的美语和外教交谈，这才知道他每天早出晚归的秘密，钦佩之情油然而生。当然，这位男同学也很快成了女生们追捧的对象，他的生命就这样成长起来了。

* * * * *

很多时候，一个人的成长常常需要别人的关怀和鼓励，就像花的成长需要园丁的浇灌和修剪一样，有时这种关怀或许还能使你从此与众不同。

他是一位来自农村的大学生，家境非常贫困，跟周围很多来自大城市的同学相比，他的压力很大，深感自卑。有很长一段时间，他的精神状态极其不好，好多课程都不及格，面临退学的危机，绝望中的他一度想了断自己。

就在此时，同班的一位女同学出于同情去宿舍看他，并且说了一大堆他的优点，还告诉他说其实很多女生对他还是很有好感的，只是他常常表现得很严肃、很古板，所以才不敢接近。

女同学走后，男生精神大振，立刻翻出教科书认真复习，后来终于补考及格，更令人欣慰的是，男生从此发奋图强，毕业时成了全班最优秀的学生，拿到了国外一所著名高校的奖学金。

出国前，男生请那个女同学吃饭，向她表示感谢。女同学坦诚地告诉他，当时她说那些话只是为了安慰他，令人可喜的是，现在他真的具备了当时她所说的全部优点。

在每个人的成长路上，都有一段时间需要别人的爱护、鼓励和帮助。在接受别人的帮助和鼓励的同时，我们也应该主动帮助别人。请记住：不管你有多么艰难，这个世上一定有很多人比你更艰难，他们需要你的帮助和鼓励。因为你的出现，他们的生命将会变得更加美好。

人总要经历沧桑，才能见到曙光

小K发现自己是个很消极的人，是从健身时候开始的。每当教练让她做一个稍微有点难度的动作或者器械，她的第一反应就是“不可能”“我做不了”，但是每次在教练的威逼利诱下，她都完成得不错。

教练说，每个健身爱好者对健身都应该有一种热爱的心态，要求你做20次，你就应该有做40次的激情，尽管可能并不会让你做40次。

可是在挑战面前，很多人连试一试的机会都不给自己，就轻易抛出“不可能”“我做不到”之类的话，久而久之，就真的变成了一个消极的人，无论做什么都感觉自己是在被动中完成的。

*　*　*　*　*

生活在同样一个世界上，有的人过得幸福、快乐、富有，有的人却始终生活在苦恼和贫困之中。如果你的世界沉闷而无望，那是因为你自己沉闷无望。仔细想想，生活中很多人都是这样。遇到不好的事情，总会下意识地把所有最极端的坏处都想到了。比如怀疑出门没锁门，就会想到家里很可能被偷，损失惨重；怀疑没有关灯，就会想到电路爆炸，家被烧了。

的确，很多时候，当人们不知道某件事情、某段关系将要朝着什么方向发展时，总会朝着不好、不对，有什么意外、出什么岔子的方向去猜想。但实际上什么都没发生。

*　　*　　*　　*　　*

其实，问题什么时候都会有，为什么不想得积极乐观一些，明天的困难明天再发愁，今天着急什么。面对同样的问题，如果换一个角度想一想，是否会变得不一样呢？“既然最糟糕的事都已经发生了，还有什么可怕的呢？”“都已经到了谷底，那么以后就该否极泰来了！”当你在最不顺利的时候给自己这样的心理暗示，往往会增强心中的安全感，也会给自己以信心。

比如，工作上遇到一些非常困难的坎儿，很多人会觉得自己实在迈不过去，分分钟都想辞职。但是你何不换个角度想一想，这或许正是磨砺我们的一个好机会。都快30岁的人了，一帆风顺未必就是一件好事，早一点遇到一些困难，等日后回过头再去看今天时，一定会觉得那时的自己多么可笑。这样一想，便会觉得自己因此成长很多，战胜困难的勇气便滚滚而来。

再比如，股票大涨的时候，我们偏偏卖早了，感觉平白无故损失了很多钱，懊悔不已，但也可以这么想：赚的那些就是老天爷让我赚的，剩下的继续大涨而可能赢得的钱都不应该是我的，人要有节制。而股票大跌的时候，虽然投入的不多，但也很心疼钱，那就告诉自己这正是锻炼自己长远眼光的时候。这样一想，无论股票大涨还是大跌，自己的心态都会平衡不少。

如果你能坚持这么想的话，就会发现其实生活中有很多值得你微笑的事情，并没有那么多的焦虑和绝望。如果一个人在困难面前总是绝望，感觉自己进入了一个万劫不复的深渊里，生活像是被蒙上一层乌云，越是消极地想，越容易走进死胡同。考虑问题的时候就更加容易混乱，甚至想得很严重。但事实上，除了死，真没有什么大不了的事儿。

有些路很远，走下去会很累，可是，不走，会后悔。人在旅途，就别总想着一帆风顺的生活。人的一生要历经无数次的风风雨雨，快乐与痛苦同在，顺境与困境同行。顺境中意气风发，困境时也应该坦然面对，这才是积极的人生。

无论何时，都要珍惜与善待自己

珍惜和善待生命，就是善待自己，它能让痛苦和烦恼远离我们的一生，让我们在恬静的生活中感知生命，让我们走过无痕的岁月而无悔无憾。人生是没有后退的生命之旅，面对神圣和有限的生命，我们更要珍惜和善待它，寻找属于自己的幸福人生。

* * * * *

有一个生长在孤儿院的女孩，常常悲观地问女院长："像我这样没人要的孩子，活着究竟有什么意思呢？"

女院长笑而不答。有一天，女院长交给女孩一块石头，说："明天早上，你拿这块石头到市场上去卖，但不是真卖。记住，无论别人出多少钱，绝对不能卖。"

第二天，女孩拿着石头蹲在市场的角落，意外地发现有不少人对她的石头感兴趣，而且价钱越出越高。

回到孤儿院里，女孩兴奋地向院长报告，院长笑笑，要她明天拿到黄金市场去卖。在黄金市场上，有人出比昨天高十倍的价钱来买这块石头。

最后，院长叫女孩把石头拿到宝石市场上展示。结果，石头的身价又涨了十倍。由于女孩怎么都不卖，竟被人们传为稀世珍宝。

女孩兴冲冲地捧着石头回到孤儿院，把这一切告诉院长，问为什么会这样。

院长没有笑，望着女孩慢慢说道："生命的价值就像这块石头一样，在不同的环境下就会有不同的意义。一块不起眼的石头，由于你的惜售而提升了它的价值，竟被传为稀世珍宝。你不就像这块石头一样？只要自己看重自己，自我珍惜，生命就有意义、有价值。"

没有人不想幸福快乐地生活，然而现实生活总是不尽如人意，我们经常不能左右幸福，痛苦和烦恼总是不期而至，面对痛苦和烦恼我们也许无法逃避，但我们可以选择珍惜与善待自己。

*　　*　　*　　*　　*

生命的价值首先取决于你自己的态度。珍惜独一无二的自己，珍惜这短暂的几十年光阴，然后再不断充实、发掘自己，最后社会才会认同你的价值。生命在于内在的丰盛，而不在于外在的拥有。只有珍惜幸福快乐的感觉，与自己快乐相处的人，才能远离痛苦与烦恼，才能拥有快乐的人生。

有人说，生活是一种享受；有人说，生活是一种无奈。其实，生活有享受也有无奈，有欣慰也有困惑。生活就像一枚青果，你含在嘴里慢慢品，细细嚼，便有诸多滋味在你舌尖蔓延，也甜，也酸，也苦，也涩。

与浩渺的世界相比，我们的生命是如此短暂。不论平淡无奇，还是轰轰烈烈，不论一帆风顺，还是波折坎坷，生活都没有抛弃我们，它赋予我们很多很多，它给予我们成熟的思想，给予我们人间最可贵的亲情、友情，它教会我们喜悦与悲伤，所以我们更应该珍爱生活，悉心感受生活。能爱的时候好好爱，不能爱的时候好好过。不用别人的标准衡量自己，也不用自己的标准去衡量别人，没人能左右你的幸福，也没人能替代你的快乐。认清自己，才是衡量幸福和快乐的标准。所以，追逐幸福的人，一定要珍惜自己，善待生命。